# Die Lehre

vom

# christlichen Kultus

nach

## den Grundsätzen

der

## evangelischen Kirche

im wissenschaftlichen Zusammenhange

dargestellt

von

**Karl Wilhelm Vetter**

evangelischem Pfarrer zu Jenkau.

**Berlin 1839.**

Verlag der Sander'schen Buchhandlung.

(**G. E. Reimer.**)

# Vorwort.

Wie in neuester Zeit die Wissenschaft der Theologie nach ihrer theoretischen Entwickelung sich in den Epochen, welche der wissenschaftliche Gedanke überhaupt durchlaufen, mächtig umgestaltet hat, so ist auch für die praktische Theologie in den Bestrebungen des nach Principien erfolgenden Denkens ein neuer Anfang gesetzt; sie hat das alte Gewand ablegen müssen, unter welchem sie früher als ein bloßer Komplexus sogenannter Klugheitsregeln auftrat, und ist in den höhern Kreis der auf Princip und Zusammenhang Anspruch machenden Wissenschaften eingetreten.

Die Epoche, welche sie in dieser allgemeinen Bewegung des Denkens gemacht hat, ist aber für sie selbst noch keinesweges abgeschlossen; ja vielmehr, wenn wir anders richtig sehen, erblicken wir erst in ihrer dermaligen wissenschaftlichen Behandlung die

Anfänge ihrer künftigen Entwickelung, und erst, wenn die Differenz der wissenschaftlichen Schulen, aus welchen sie als Wissenschaft hervorging, wird gelöst, und ihre Vereinigung in der einen Wahrheit wird gefunden sein, wird, wie jede theologische Wissenschaft, auch die praktische Theologie dem kirchlichen Leben näher treten, und ihre auf christlich wissenschaftliche Anschauung gegründeten Principien werden der Kirche die schönsten Früchte tragen. In dieser Hinsicht muß also jede Bearbeitung ihres ganzen Gebietes, oder eines Theils derselben, noch angenommen werden als ein Versuch, der zu ihrer dermaligen Entwickelung in der Epoche ihrer Umgestaltung das Seinige auf seine Weise beitragen wird; und auch der vorliegende Versuch, der sich über ein nicht unbedeutendes und gewöhnlich zu flüchtig behandeltes Gebiet derselben erstreckt, macht auf diese Annahme gerechten Anspruch, und will nach diesem Zwecke hin beurtheilt sein.

Dem Verfasser der vorliegenden Bearbeitung ist es über seinen geistlichen Amtsarbeiten stets von großem Interesse gewesen, die wissenschaftlichen Leistungen auf diesem Gebiete besonders zu verfolgen, und sie nach seinem eignen wissenschaftlichen Denken, so wie nach den Erfahrungen seines geistlichen Amtes zu beurtheilen. Durchdrungen von der Ueberzeugung, daß es eine theologische Wissenschaft wirklich giebt, und daß die Kirche des in der theologischen Wissenschaft sich organisirenden Gedankens wirklich bedarf, bekennt er sich doch nicht zu denen, welche in der Umgestaltung eines philosophischen Princips sogleich eine Hoffnung finden auf ein ganz neues und verändertes Leben in der Kirche. Auch ist ihm jenes Bestreben durchaus fremd, nach welchem in der Bewegung des spekulativen Gedankens das Christenthum in seiner Idee aufgefunden wird, und die theologische Wissenschaft mit der Philosophie auch rücksichtlich ihres Inhalts identificirt erscheint. Eben so fern steht er aber auch von jener bloß nach subjektiven Maximen eingerichteten Dialektik, welche den göttlichen Inhalt des Christenthum, in ihren weichen Formen zu einem Inhalt menschlicher Weisheit macht; vielmehr ist er der Ansicht, daß das Christenthum seinen göttlichen Inhalt in sich selbst hat, und daß der Gedanke, der in der theologischen Wissenschaft sich geltend macht, der von solchem Inhalte erfüllte religiöse Gedanke ist, der Behufs seiner Lebensbewegung in den Formen der wissenschaftlichen Anschauung zur theologischen Wissenschaft sich gestaltet. Nach diesem Grundsatze ehrte der Verfasser alles das, was von den Schülern Hegels zu Gunsten einer objektiven Entfaltung der theologischen Wissenschaft geleistet worden ist, aber die Art, wie jener objektive Inhalt in der Bewegung des wissenschaftlichen Gedankens, bei ihnen doch herkommt aus der Idee an sich, und wie der in der Subjektivität das christlich religiöse

Leben ergreifende Glaube dabei in den Hintergrund tritt, so wie auch das pikant Geistreiche in der unüberwindlichen Form ihrer Darstellung, konnte seiner Denkweise nicht zusagen. Die Schüler Schleiermachers, unter welchen Schweizer auf dem Gebiete der praktischen Theologie vorzugsweise hervorragt, haben ihres großen Meisters Bau wohl redlich weiter geführt, aber über die subjektive Gestaltung der theologischen Wissenschaft, wie sie allerdings in Schleiermachers Deduktion des Gefühls, und in seiner religiösen Eigenthümlichkeit als etwas Außerordentliches dasteht, sind sie weiter nicht fortgeschritten zu der objektiven theologischen Wissenschaft, die in des großen Meisters philosophischem Systeme auf eine unverkennbare Weise angedeutet erscheint; was um so mehr zu beklagen ist, da sie grade von hier aus und auf diesem Wege die Theologie auf eine so eigenthümliche und lebensreiche Weise entfaltet hätten, als dies von Anhängern des abgeschlossenen Hegelschen Systems niemals geschehen kann.

Es mag dies nur negativ hier Ausgesprochene hinreichen, das Verhältniß anzudeuten, in welches das vorliegende Werk zu der gegenwärtigen Wissenschaft sich stellt; der Inhalt desselben muß es darthun, auf welche Weise der Verfasser das auf diesem wichtigen Gebiete bereits wissenschaftlich Erkannte benutzt, und nach Princip und Zusammenhang in einer Lehre des Kultus bearbeitet hat.

Der Verfasser dachte bei der Abfassung des Werkes an einen Kreis von Lesern, die gern in eigner Gedankenthätigkeit den Gang einer wissenschaftlichen Explikation verfolgen, und die bündige und präcise Kürze der breitern und populären Darstellung vorziehen. Deswegen erscheint der gesammte Stoff in einer Reihe von Paragraphen dargestellt, zu welchen der denkende Leser aus dem Zusammenhange des Ganzen, und aus den gefundenen Resultaten, die weitere Ausführung an jeder bedeutenden Stelle sich selbst lebendig erzeugen wird. In dieser Einrichtung dürfte das Buch gewiß dem Studirenden wichtige Dienste leisten, wenn er dasselbe beim Vortrage der praktischen Theologie als vorbereitendes Hülfsbuch benutzt. Dem Kandidaten des Predigtamts, der wissenschaftlich angeregt sein theoretisches Denken über alle Gegenstände der geistlichen Amtspraxis noch mannigfach durchzubilden hat, dürfte das Buch gerade in dieser wissenschaftlichen Form eine besondere Anregung werden, sein Wissen über alle hier verhandelten heiligen Gegenstände des Kultus in einem ächt christlichen und wissenschaftlichen Geiste zu vervollständigen, und das bereits Angeeignete zu befestigen. Auch der im christlich evangelischen Kultus thätige Diener des Wortes wird in dieser Darstellung erkennen, wie wichtig es ist, sein Wirken in der Kirche auf die Einsicht in das Wesen derselben zu gründen, und in der geistlichen Amtsthätigkeit mit wissenschaftlichem Bewußtsein die Geschäfte eines Klerikers zu vollziehen. Zur Erreichung dieser wichtigen Zwecke wolle der Herr der Kirche, zu dessen Verherrlichung es geschrieben ist, in Gnaden seinen Segen schenken. Jenkau am 2ten Sonntage nach Trinitatis 1839.

**Der Verfasser.**

# Uebersicht des Inhalts.

## Fünfter Abschnitt.



# Zweite Abtheilung.



## Erster Abschnitt.



## Zweiter Abschnitt.

## Zweiter Theil.

# Einleitung
in
# die Lehre vom Kultus.

---

Der Begriff des Kultus.



---

## 1. Seine allgemeinste Deduktion.

§. 1.

Der Begriff des christlichen Kultus kann wissenschaftlich nur abgeleitet und gefunden werden aus dem Begriff der christlichen Kirche, wie derselbe in seinem praktischen Momente derjenigen Wissenschaft zum Grunde gelegt wird, welche man praktische Theologie nennt.

§. 2.

Nach diesem praktischen Momente ist die bestimmte christliche Kirche die Gemeinschaft derer, welche unter geschichtlich gewordenen Formen das christlich religiöse Leben empfangen, und alle Kräfte desselben in der Mittheilung desselben sich aneignen.

§. 3.

Wie jede andere Kirchengemeinschaft in diesem praktischen Momente sich eigenthümlich gestaltet, und wie die Formen, unter welchen das religiöse Leben zur Erscheinung kommt, sich mannigfaltig modificiren, so auch trägt hierin die evangelische Kirche ein eigenthümliches Gepräge.

§. 4.

Die Wissenschaft der praktischen Theologie gestaltet sich demnach in der evangelischen Kirche, nach dem eigenthümlichen Wesen, worin sie ihr Princip und ihre geschichtliche Existenz als Kirchengemeinschaft hat.

§. 5.

Die praktische Theologie ist die Wissenschaft, welche für alle in der Kirche sich herausstellenden Thätigkeiten, diejenige auf Princip und Zusammenhang beruhende Anschauung giebt, daß darin mit klarem Bewußtsein gehandelt, und das Bestehen und die Fortentwickelung des religiösen Lebens erzielt werde.

§. 6.

Die Kirche, in jenem praktischen Momente aufgefaßt, ist ein organisches Ganze, als welches sie ihr Leben sowohl in ihrer höchsten Einheit als Ganzes, als auch in der Wahrheit ihrer organischen Theile als in der Vielheit hat.

§. 7.

Obwohl wie in jedem organischen Ganzen, so auch in der Kirche, die Vielheit nicht bestehen kann ohne die Einheit und umgekehrt, so entsteht doch für die Leitung der Kirche hieraus eine zwiefache Art von Thätigkeiten; die einen nämlich, welche die unmittelbare Lebenseinheit des Ganzen, die andern, welche die Lebenseinheit der vielen organischen Theile zu ihrem Objekt haben.

§. 8.

Jene erstern Thätigkeiten bilden den Umfang des Kirchenregiments, diese letzteren den Umfang des Kirchendienstes; beide aber setzen sich gegenseitig auch nothwendig voraus und ergänzen sich.

§. 9.

Die einzelnen organischen Theile in der Kirchengemeinschaft sind die lokal begrenzten Gemeinden, welche demnach der Gegenstand sind aller kirchendienstlichen Thätigkeiten.

§. 10.

Das Objekt jeder kirchendienstlichen Thätigkeit ist die einzelne Gemeinde, wie sie aus dem Quell des christlich religiösen Lebens sich alles in einem solchen Umfange aneignet, daß sie als das Organ der ganzen Kirchengemeinschaft erscheint.

§. 11.

Nach diesem Zweck hin stellt sich in jeder lokal begrenzten Gemeinde die Differenz heraus, daß dieselbe entweder als die wirklich gewordene Gemeinde, welche in einer bestimmten Zeiteinheit ihr religiöses Leben manifestiren will, Gegenstand einer kirchendienstlichen Thätigkeit wird, oder daß sie auf verschiedenen Punkten ihrer zeitlichen Entwickelung als die werdende Gemeinde die Thätigkeit des Kirchendienstes in Anspruch nimmt.

§. 12.

Alles, was im Kirchendienste als Einwirkung auf die in jener bestimmten zeitlichen Einheit gewordene Gemeinschaft hervortritt, bildet das Gebiet des öffentlichen Gottesdienstes oder des Kultus; alle Einwirkungen des Kirchendienstes, welche außerhalb des Kultus auf die in der zeitlichen Entwickelung noch werdende Gemeinde gerichtet sind, grenzen sich in den eigenthümlichen Sphären des kirchlichen Jugendunterrichts und der speciellen Seelsorge ab.

§. 13.

Im Kultus findet sich die christliche Gemeinde allen andern Einflüssen und Bewegungen des Lebens gegenübergestellt, und ist in der mit Gott durch Christum gestifteten Gemeinschaft, welche im Kultus zur Manifestation und Erscheinung kommt, die gewordene d. i. die wirklich religiöse Gemeinde.

§. 14.

Das was von jeder Gemeinde für diesen wahrhaften Moment ihrer im Kultus sich manifestirenden Gemeinschaft mit Gott vorausgesetzt wird, ist die innerste Receptivität ihres religiösen Geistes, der sich in dieser Gottesgemeinschaft erfüllen will mit der Kraft des göttlichen Geistes.

§. 15.

Das, was im Kultus durch die kirchendienstliche Thätigkeit gethan wird, ist nichts anderes als die Mittheilung des durch den heiligen Geist selbst gewirkten religiösen Lebens; und auf jener religiösen Empfänglichkeit der Gemeinde so wie auf dieser Selbstthätigkeit des göttlichen Geistes, beruht die religiöse Lebenseinheit des evangelischen Kultus.

## 2. Der Begriff des Kultus nach seiner innern Wesenheit.

§. 16.

Jene religiöse Empfänglichkeit und diese Selbstthätigkeit des göttlichen Geistes findet erst darin ihre Vermittelung, daß für den Kultus immer schon der Gegensatz von Klerus und Laien vorausgesetzt wird.

§. 17.

Da dieser Gegensatz verschiedenartig in den verschiedenen Kirchengemeinschaften zur Erscheinung gekommen ist, so soll hier im allgemeinen nur festgestellt werden, daß die mittheilende Thätigkeit des religiösen Lebens überwiegend vom Kleriker, die aneignende Thätigkeit des religiösen Lebens überwiegend vom Laien ausgeht. Die wahre und wesenhafte Erscheinung dieses Gegensatzes kann nur im Verlauf dieser ganzen Untersuchung sich herausstellen.

§. 18.

Die religiöse Thätigkeit des Klerikers im Kultus kann keinen andern Zweck haben, als dieselbe religiöse Thätigkeit in der Gemeinde hervorzurufen, d. i. sie in seine eigne religiöse Thätigkeit mit hineinzuziehen. Mithin fallen im Kultus Mittel und Zweck vollkommen zusammen.

§. 19.

Indem der Geistliche im Kultus als thätig erscheint, producirt er in dieser religiösen Thätigkeit sein eignes religiöses Leben, und jede Mittheilung des religiösen Lebens, ohne von dem der es mittheilt, innerlich erfahren und producirt zu sein, wäre Schein und bliebe ohne Wirkung.

§. 20.

Indem die Gemeinde im Kultus in die religiöse Thätigkeit des Geistlichen hineingezogen wird, empfängt sie ihr eignes religiöses Leben, und ohne diese Identität ihres religiösen Lebens mit dem des Klerikers, wäre der Kultus kein evangelischer.

§. 21.

Die Thätigkeit der Mittheilung von Seiten des Geistlichen, und die Thätigkeit der Aneignung von Seiten der Gemeinde fallen im evangelischen Kultus vollkommen zusammen, und was mitgetheilt und angeeignet wird, ist das eine christlich religiöse Leben, was seinem höchsten Ursprunge nach in der Gemeinschaft durch den heiligen Geist gewirkt wird.

§. 22.

In dieser Identität von Thätigkeit und Zweck soll der Kultus nichts anderes sein, als die Darstellung des christlich religiösen Lebens, wie es in der Form des religiösen Selbstbewußtseins von der menschlichen Natur aufgenommen wird.

§. 23.

Das religiöse Selbstbewußtsein ist dem allgemeinen Selbstbewußtsein so entgegengesetzt, daß jenes seinen Grund hat in derjenigen höchsten Einheit, in welcher der Mensch auf subjektive Weise alle Momente seines Lebens unmittelbar auf den absoluten Grund ihres Seins zurückbezieht, dieses dagegen erst durch die Vermittelung des Begriffs jene höchste Einheit hervorrufen kann.

§. 24.

In dem religiösen Selbstbewußtsein manifestirt sich das Sein, als das unmittelbar in Gott sich fühlende, wissende und wollende Sein, und das Wissen von diesem Sein ist die unmittelbare Gewißheit von dem religiösen Lebensmomente selbst.

§. 25.

In dem objektiven Bewußtsein geht das Sein in den Richtungen des gegenständlichen und wissenden Seins aus einander, und will erst durch die unendliche Vermittelung des Wissens den Grund jener absoluten Einheit erringen.

§. 26.

In dem religiösen Selbstbewußtsein erscheint als das Ursprünglichste die reinste Receptivität des Menschen, die sich dem Urgrunde alles Seins, dem göttlichen Wirken, unmittelbar erschließt; in dem objektiven Selbstbewußtsein erscheint als das Ursprünglichste die höchste Spontaneität des denkenden Geistes, der alle Gegensätze der erscheinenden Welt durch die unendliche Vermittelung des Begriffs auf die absolute Lebenseinheit zurückführen will.

§. 27.

Das religiöse Selbstbewußtsein ist nach der Richtung jener absoluten Einheit das Gottesbewußtsein, in welchem die Subjektivität des Menschen den Einwirkungen Gottes sich hingiebt, und zu einem göttlichen Leben sich erschließt.

§. 28.

Dieses Gottesbewußtsein des Menschen ist seine absolute und höchste Lebendigkeit, nämlich sein religiöses Leben; aber indem es wie alles Leben sich zeitlich entwickeln muß, entwickelt es sich zugleich an den niedern Stufen des sinnlichen Bewußtseins.

§. 29.

Das Gottesbewußtsein ist dem Menschen zwar ursprünglich rein und ungetrübt anerschaffen, aber durch die That der Sünde ist es in dem Menschen geschwächt und getrübt worden.

§. 30.

Das Gottesbewußtsein in der reinsten und höchsten Fülle des göttlichen Lebens hat die Menschheit wiederempfangen durch den Erlöser, in dem es in seiner absoluten Reinheit vorhanden, und welcher allen, die an ihn glauben, die Lebenskräfte seines Gottesbewußtseins mittheilt.

§. 31.

Durch das von dem Erlöser mitgetheilte Gottesbewußtsein gelangt die Menschheit in die Fülle des wahrhaft göttlichen Lebens, sie tritt so und nur durch ihn in die Lebensgemeinschaft mit Gott. Durch dieses von Christo empfangene Gottesbewußtsein sollen aber auch die niedern Momente des sinnlichen Bewußtseins überwunden, und in die Herrschaft des Gottesbewußtseins mithineingezogen werden.

§. 32.

Da auch im Gläubigen noch die Kraft des sinnlichen Bewußtseins dem Gottesbewußtsein widerstrebt, und da das

Gottesbewußtsein in seiner absoluten Macht und Stärke in keinem vorhanden ist wie in Christo, so zeigt sich das, was von unserm Gottesbewußtsein als Wirkung ausgeht, in einem dreifachen.

§. 33.

Tritt in dem lebendigen Moment unsers Gottesbewußtseins der Moment unsers sinnlichen Bewußtseins zugleich mit hervor, so wissen und fühlen wir uns in der Lebensgemeinschaft mit Gott gehemmt, und es entsteht uns der bestimmte Wille, dasjenige durch ein christliches Handeln aufzuheben, was als die störende Kraft in unserm sinnlichen Bewußtsein wahrgenommen wird.

§. 34.

Wissen und fühlen wir uns in dem lebendigen Moment unsers Gottesbewußtseins, ohne Störung des sinnlichen Bewußtseins, in der uns durch Christum gewordenen Gemeinschaft, so entsteht uns der bestimmte Wille, durch ein christliches Handeln die Kräfte dieses uns gewordenen göttlichen Lebens zu manifestiren, und das ganze Leben nach diesen Kräften zu bilden.

§. 35.

Es drückt aber auch das Selbstbewußtsein des Christen die absolute Einheit des Gottesbewußtseins mit dem Bewußtsein der zeitlichen Momente so aus, daß darin das Bewußtsein der Förderung oder der Hemmung des christlich frommen Lebens ganz aufgeht, und dieses Selbstbewußtsein bildet alsdann den beharrlichen Moment des religiösen Lebens in seiner höchsten Intensität.

§. 36.

Wie in dem Erlöser das Gottesbewußtsein in dieser beharrlichen Einheit immer so vorhanden war, daß alle andern Momente seines Lebens in demselben auch völlig aufgegangen waren, so muß es auch in den durch Christum Erlösten, wenigstens in der Approximation, solche Momente in jener beharrlichen Einheit geben; und wie in dem Erlöser in diesem Selbstbewußtsein seine Seligkeit in Gott war, so ist auch in den Erlösten dieses Selbstbewußtsein ihre Seligkeit durch Christum in Gott.

§. 37.

In diesem Selbstbewußtsein zeigt sich das religiöse Leben des Christen in seiner höchsten Intensität, als das immanente göttliche Sein; es bildet den wahrhaft lebendigen Moment, in welchem der Erlöste sich in der gewordenen Lebensgemeinschaft mit Gott durch Christum weiß; es erscheint in demselben die Substanz des religiösen Lebens als ein freies, für sich seiendes Element, welches die innerste und absolute Sphäre des geistigen Lebens überhaupt ist.

§. 38.

Weil in diesem Selbstbewußtsein das Gottesbewußtsein alle Momente des sinnlichen Bewußtseins überwunden, und in sein Element hineingezogen hat, so treten alle sonst vereinzelten Lebenselemente hier im Moment einer allgemeinen Begeistung zusammen, und dieses Selbstbewußtsein ist der das ganze Seelenleben des Menschen befruchtende Moment.

§. 39.

Wie jenes Selbstbewußtsein, an welchem entweder der Moment des gehemmten oder geförderten christlichen Lebens hervortritt, den menschlichen Willen in Bewegung setzt, und der Grund eines christlichen Handelns wird, so wird dieses Selbstbewußtsein, in welchem jene Momente enthalten, aber in der Einheit des religiösen Lebens aufgehoben sind, die reine Darstellung und Offenbarung seiner selbst.

§. 40.

Auf dieser Selbstdarstellung und Offenbarung des religiösen Lebens in der Form des eben beschriebenen Selbstbewußtseins, beruht der Begriff des Kultus seiner innerlichsten Wesenheit nach; und wenn man diese Selbstdarstellung und Offenbarung als ein Handeln auffaßt, so tritt dasselbe doch mit keinem bestimmten Zweck hervor, vielmehr ist das religiöse Handeln im Kultus die Manifestation des religiösen Lebens, und die Manifestation des religiösen Lebens ist zugleich das religiöse Handeln im Kultus.

§. 41.

Im Kultus kann von einer Besonderung der verschiedenen Seelenkräfte nicht die Rede sein, vielmehr da das religiöse Leben im Kultus das vom heiligen Geist in der Gemeinschaft entzündete und mitgetheilte Leben ist, so erschließt sich im Kultus die ganze menschliche Natur, mit allen ihren Kräften der höchsten Einwirkung und Begeistung eines göttlichen Lebens.

§. 42.

Was sonst in der Zersplitterung des Lebens Wirkung des Verstandes und Willens und Zustand des Gefühls ist, tritt im Kultus aus dieser zeitlichen Vereinzelung heraus, und erfüllt sich in jener absoluten Einheit des Gottesbewußtseins mit dem wahrhaften Inhalt des göttlichen Lebens; und wenn in jener Einheit auch alle Seelenkräfte im Kultus zur Thätigkeit angeregt sind, so ist doch der heilige Geist das absolut thätige Lebensprincip, dessen lebendige Wirkung die Gläubigen im Kultus erfahren.

§. 43.

Der Kultus ist insofern, und nach dieser seiner innerlichen Wesenheit, die fortgesetzte Offenbarung göttlichen Lebens, wie es durch Christum in die zeitliche Erscheinung hineingetreten, und durch die Erweisung des heiligen Geistes in den Gläubigen sich fortsetzt.

## 3. Der Begriff des Kultus nach seinen erscheinenden Formen.

§. 44.

Es gehört zur Substanz des religiösen Lebens, wie sie unter der Form des Selbstbewußtseins im Kultus gesetzt erscheint, und zum Begriff ihrer absoluten Lebendigkeit, daß sie in dieser höchsten und immanenten Innerlichkeit zugleich in sich selbst sich fortbewegt zur Manifestation innerhalb der menschlichen Natur.

§. 45.

Wie uns die Fülle der göttlichen Gnade zu Theil geworden in dem Menschen Jesus, das heißt wie durch seine menschliche Natur die absolute Offenbarung Gottes an uns vermittelt wurde, so setzt sich diese Offenbarung im Kultus fort, durch die Wirkung des heiligen Geistes auf und durch die gesammte menschliche Natur.

§. 46.

Die menschliche Natur schließt demnach die Media in sich, durch welche das religiöse Leben zur Manifestation, und in derselben zugleich zur Mittheilung kommt, und erst in dieser Bewegung der religiösen Substanz zur Offenbarung ihres Lebens, wird die Gemeinde in der Offenbarung des Geistes die offenbare Gemeinde Gottes.

§. 47.

Jeder religiöse Moment im Kultus ist demnach wie ein rein innerlicher durch den heiligen Geist gewirkter, so auch immer zugleich ein äußerlicher durch die Media der menschlichen Natur sich offenbarender.

§. 48.

Wie Gott durch Christum und den heiligen Geist der Gemeinschaft der Gläubigen sich offenbart, so stellt sich in dem erfüllten religiösen Leben die Gemeinde Gott selbst dar, und wird in dieser Selbstdarstellung seine offenbare Gemeinde.

§. 49.

Die Media, welche in der menschlichen Natur für die Darstellung des religiösen Elements organisirt erscheinen, sind dieselben, durch welche im Allgemeinen das intelligente Leben zur Erscheinung kommt.

§. 50.

Alles intelligente Leben des Geistes erscheint in der zwiefachen Richtung, daß es entweder auf allgemeine und objektive Weise unter der Form des Begriffs als Wissenschaft sich manifestirt, oder auch daß es auf individuelle und subjektive Weise unter der Form der Kunst, das unmittelbar geistige Leben zur Offenbarung und Anschauung bringt.

§. 51.

Da das religiöse Selbstbewußtsein in der innersten Subjektivität des Menschen seinen Grund hat, und da es auf unmittelbare Weise ohne objektive Vermittelung aus dem Quell des göttlichen Lebens sich aneignet, so steht es in seiner durch die menschliche Natur gesetzten Manifestation auch in einem unmittelbaren Verhältniß zu den subjektiven Darstellungsformen der Kunst.

§. 52.

Das religiöse Selbstbewußtsein trägt zwar als absolut geistige Substanz auch die Bewegung zur Objektivität in sich, und wird unter der Form des Begriffs der Inhalt der spekulativen Theologie, aber als absolut geistige Substanz hat es auch sein unmittelbares und höchstes Leben schon in sich selbst, und die Religion kann auf keine Weise durch einen bloßen Akt des Wissens konstruirt werden.

§. 53.

Die Kunst schließt alle Formen in sich, in welchen das individuell schöpferische Leben des Geistes sich manifestiren will; sie ist zwecklos, die reine Selbstdarstellung der Idee, und in dieser ihrer dem religiösen Selbstbewußtsein homogenen Natur wird sie auch die Form für die Darstellung und Manifestation desselben.

§. 54.

Deswegen und weil im Kultus das religiöse Selbstbewußtsein in seiner höchsten Intensität zur Darstellung kommen will, erscheint in jedem Kultus ein heiliger Kreis von Kunstformen, unter welchen das religiöse Leben mitgetheilt und angeeignet wird.

§. 55.

Sowohl das Verhältniß in welchem das religiöse Selbstbewußtsein zu seiner Darstellung im Kultus durch die Form der Kunst steht, als auch die Mannigfaltigkeit der Kunstformen, unter welchen im Kultus das religiöse Leben zur Mittheilung kommt, muß die Theorie des Kultus auf allgemeine Weise sicher stellen.

§. 56.

Obwohl der Geistliche im Kultus als vorzugsweise thätig erscheint, und die Gemeinde als vorzugsweise empfangend, so kann darauf doch nicht die Ansichtsweise gegründet werden, als ob der Unterschied zwischen Klerus und Laien auf einer wesentlichen Ungleichheit beruhe.

§. 57.

Selbstthätigkeit und Empfänglichkeit sind einander nicht entgegengesetzt in Beziehung auf jenes religiöse Selbstbewußtsein; denn ist der Geistliche von diesem Selbstbewußtsein aus auch überwiegend thätig, so muß vor seiner Thätigkeit doch immer schon die innerste Receptivität in ihm vorhanden gewesen sein, und ist die Gemeinde in diesem Selbstbewußtsein auch überwiegend empfangend, so ist sie doch in dieser ihrer Receptivität zugleich aneignend, und darin selbstthätig.

§. 58.

Die Identität von Thätigkeit und Receptivität ist vielmehr die Grundform der menschlichen Natur, unter welcher der heilige Geist auf die Gemeinschaft im Kultus beseligend einwirkt.

§. 59.

Unterscheidet sich der Geistliche im Kultus von der Gemeinde dennoch durch seine überwiegende Selbstthätigkeit, so geht dieser Unterschied niemals aus einer qualitativen Differenz des religiösen Selbstbewußtseins hervor, sondern vielmehr nur aus dem angeeigneten Besitz derjenigen Kunstformen, auf welchen jede Thätigkeit im Kultus beruht, und unter welchen das religiöse Leben der Idee des Kultus angemessen zur Erscheinung kommt.

## 4. Methodik der ganzen Untersuchung.

§. 60.

Obwohl das religiöse Selbstbewußtsein auf der absoluten Einheit des religiösen Lebens beruht, so tritt es in seiner Manifestation durch die Kunstformen im Kultus in die Mannigfaltigkeit des Erscheinungslebens.

§. 61.

Kann das religiöse Selbstbewußtsein nur in der Vielheit der Darstellungsformen die menschliche Natur mit seinem absoluten Inhalt durchdringen, so ist es doch in jeder besondern Darstellungsform der volle religiöse Lebensinhalt in seiner absoluten Einheit, welcher im Kultus mitgetheilt und angeeignet wird.

§. 62.

Jeder wahrhaft organisirte Kultus schließt daher in sich die absolute Einheit seines Inhalts in der Mannigfaltigkeit der Darstellungsformen, welche als die besondern Bestandtheile des Kultus erscheinen.

§. 63.

Jene Einheit hat ihren Grund in dem absoluten Princip des religiösen Lebens, welches im Kultus empfangen wird, und diese Mannigfaltigkeit hat ihren Grund in der Receptivität der menschlichen Natur, deren Lebendigkeit zugleich an eine Mehrheit von Organen gebunden ist.

§. 64.

In jedem wahrhaft organisirten Kultus erscheinen die besondern Bestandtheile nicht als zufällig gegliedert, sondern sie treten nach der Einheit ihres absoluten Inhalts in ein organisches Ganze zusammen, in welchem die einzelnen Theile nicht sind ohne in dem Ganzen, und in welchem das Ganze nicht ist ohne in den einzelnen Theilen. Das Ganze wird so in dieser organischen Zergliederung und Verbindung das wahrhaft organische Leben.

§. 65.

So wird in der Identität dieser organischen Einheit und Vielheit der Kultus die Offenbarung des religiösen Lebens in der Gemeinde; die Einheit des durch den heiligen Geist gewirkten göttlichen Lebens tritt in die Vielheit des menschlichen Lebens, und die Vielheit des menschlichen Lebens kehrt, erfüllt mit dem göttlichen Leben, in die Einheit des göttlichen Lebens zurück.

§. 66.

Eine Theorie des Kultus, richtig gefaßt, muß nachweisen 1) welches die Vielheit der Darstellungsformen ist, in welchen das religiöse Selbstbewußtsein sich manifestirt, 2) welches die organische Einheit ist, in welcher alle Kultusbestandtheile zu einem Lebensorganismus zusammen treten.

§. 67.

Erst nach dieser Untersuchung, kann eine Theorie des Kultus die also gefundenen Bestandtheile desselben, bis auf Einzelne herab und in besondern Theorieen zur wissenschaftlichen Anschauung erheben.

§. 68.

Die erste Aufgabe, welche die Theorie des Kultus zu lösen hat, ist die allgemeine, welche auf elementarische Weise das Wesen der verschiedenen Kultusformen dem christlich religiösen Selbstbewußtsein gemäß nachweiset, und welche auf construktive Weise die organische Einheit der Kultusformen jenem christlich religiösen Selbstbewußtsein gemäß beschreibt.

§. 69.

Die zweite Aufgabe umfaßt die Theorieen der besondern Bestandtheile des Kultus, und ist die besondere Ausführung dessen, was sonst als einzelnes Gebiet des Kultus behandelt worden ist.

§. 70.

Je mehr man den allgemeinen Theil des Kultus, wie es bisher geschehen, vernachlässiget, desto zufälliger und unbegründeter erscheint alles, was in den besondern Theorieen dargestellt wird, und desto weniger erkennt man, wie jedes einzelne Element des Kultus ein lebendiger Theil des Ganzen ist.

# Erster Theil.

# Die allgemeine Theorie des Kultus.

---

## Erste Abtheilung.

## Elementarischer Theil.

---

### Erster Abschnitt.

### Das Verhältniß der Kunst zum Kultus.

§. 71.

Da das religiöse Selbstbewußtsein in seiner immanenten Lebendigkeit zugleich in sich selbst sich fortbewegt zur Manifestation und Mittheilung, und da jede Manifestation und Mittheilung eines Innerlichen auf der formbildenden Thätigkeit der menschlichen Natur beruht, so erscheint auch im Kultus die Manifestation des religiösen Selbstbewußtseins an irgend eine formbildende Thätigkeit der menschlichen Intelligenz gebunden.

§. 72.

Diese formbildende Thätigkeit, durch welche das an sich seiende innerliche religiöse Leben zugleich ein Sein für andere, ein äußerlich erscheinendes und mittheilbares wird, ist die Kunstthätigkeit der menschlichen Intelligenz.

§. 73.

Mithin giebt es kein Element im Kultus, welches als in dieser Identität des Innerlichen und Aeußerlichen gesetzt, nicht auch zugleich an eine bestimmte Kunstthätigkeit der menschlichen Intelligenz gebunden wäre.

§. 74.

Das Wesen aller Kunstthätigkeit beruht darauf, daß in jedem Moment, wo ein Innerliches in einem Aeußerlichen dargestellt wird, die Darstellung nicht willkürlich und gesetzlos, sondern im bestimmten Maaß und nach bestimmten Gesetzen erfolge.

§. 75.

Von diesem Maaß und von diesen Gesetzen, nach welchen auf kunstgemäße Weise die Darstellung des religiösen Lebens erfolgt, hängt die allgemeine Mittheilbarkeit und Verständlichkeit desselben ab.

§. 76.

Das religiöse Selbstbewußtsein trägt zwar in seiner immanenten Bewegung die formbildende Kraft in sich selbst, aber in seiner Manifestation, welche nur durch die Media der menschlichen Natur erfolgen kann, richtet es sich zugleich in dieser seiner lebendigen Kraft auf die menschliche Kunstthätigkeit in der Mannigfaltigkeit ihres formbildenden Lebens, durchdringt und erfüllt sie mit seiner eignen Lebenskraft, und in dieser lebendigen Identität bildet sich dann im Kultus ein eigenthümlicher Kreis religiöser Kunstthätigkeit.

§. 77.

Hieraus ergiebt sich, wie das religiöse Selbstbewußtsein in einem Verwandtschafts-Verhältniß zur menschlichen Kunstthätigkeit steht, welches Verhältniß näher zu bestimmen und wissenschaftlich zu begründen, eine nothwendige Aufgabe der allgemeinen Theorie des Kultus ist.

§. 78.

Um dieses Verhältniß so zu bezeichnen, daß eine richtige Beurtheilung aller Kultusformen darauf sich gründen kann, ist es nöthig, den Begriff der Kunst zuvor selbst sicher zu stellen.

§. 79.

Der Begriff der Kunst, wie ihn unsere Aufgabe erfordert, kann von uns nur so gesucht und gefunden werden, daß wir das aller ästhetischen Anschauungsweise zum Grunde Liegende aufsuchen, und, die spekulative Begründung der besondern Kunstformen aufgebend, nur das Wesen der Kunstthätigkeit als Funktion der menschlichen Vernunft zu erkennen suchen.

§ 80.

Dem Inhalte nach beruht das Wesen einer jeden Kunstthätigkeit auf der Identität zweier Momente: 1) der freien schöpferischen Thätigkeit derjenigen menschlichen Vernunftkraft, welche Phantasie genannt wird, und 2) der eigenthümlichen Sphäre, in welcher der Künstler mit seiner Thätigkeit versirt, und deren er sich als seiner ideellen Welt bewußt ist.

§. 81.

Auf jedem Punkte wahrhaft künstlerischer Produktion muß diese Identität erscheinen; denn gäbe es keine ideelle und eigenthümliche Welt, welche allen übrigen Sphären der intelligenten Welt überhaupt irgendwie entgegengesetzt ist, so fehlte der Phantasie ihre eigenthümliche Lebenswurzel; und wäre der Mensch als ein vernünftiges Wesen nicht mit der freien Thätigkeit der schöpferischen Phantasie begabt, so hätte sich eine eigenthümliche Welt für ihn nicht bilden können.

§. 82.

Die ideelle Welt des Künstlers grenzt sich zunächst ab gegen die Welt der Wissenschaft. Wie nämlich in dieser der Begriff in der spekulativen Bewegung des Denkens alles

Sein zur objektiven Wirklichkeit erhebt, so erschließt sich in jener das Sein in seiner unmittelbaren subjektiven Lebendigkeit und Innerlichkeit, und will in dieser seiner Subjektivität festgehalten und dargestellt werden.

§. 83.

In der Wissenschaft geht alles Sein von der Objektivität aus, und vollendet sich in der Subjektivität des Begriffs, und auf dieser mit Nothwendigkeit erfolgenden Explikation beruht die Bewegung des wissenschaftlichen Denkens; in der Kunst geht alles Sein von der Subjektivität aus, und vollendet sich in der objektiven Darstellung, und auf dieser mit Freiheit sich entfaltenden Subjektivität beruht das wahrhaft Schöpferische aller Kunstproduktion.

§. 84.

Auch ist die Kunstthätigkeit relativ entgegengesetzt dem thätigen Leben überhaupt. Denn wie auf dem Gebiet des thätigen Lebens alles Sein nach bestimmten und berechneten Zwecken sich gestaltet, so hat die Kunst überhaupt keinen Zweck, sondern ist, als Manifestation des individuellen Lebens, der in sich selbst gleiche Moment, das Leben, in welchem alle Gegensätze zur Versöhnung kommen.

§. 85.

In der Kunst ist jede Besonderung und Vereinzelung untergegangen; auch die objektiven Lebensreihen der Wissenschaft und der praktischen Willens-Thätigkeit sind ihrem Inhalte nach so in sie aufgenommen und mit ihr verschmolzen, daß sie eben hier in der Einheit mit dem Kunstmoment in den Urquell ihres Lebens zurücktreten, um hier aufs neue ihr Leben zu beginnen.

§. 86.

Der Form nach besteht das Wesen der Kunstthätigkeit in derjenigen Besinnung, Kombination und Maaß, ohne welche die ursprüngliche Erregung jener frei bildenden Phantasie verworren und unverständlich bliebe.

§. 87.

Die Kunstproduktion hat in Beziehung auf diese ihre formbildende Thätigkeit drei Momente zu durchlaufen, bevor sie, aus der Subjektivität herkommend, in die Objektivität übergeht, und so in der Identität von beiden zur Erscheinung kommt.

§. 88.

Der erste Moment ist der der ursprünglichen Erregung, in welchem die subjektive Kunstidee den zeitlichen Moment so ganz erfüllt, daß ihre formbildende Bewegung nach außen hin noch ganz mit ihrem innerlichen Sein zusammenfällt.

§. 89.

Der zweite Moment ist der, wo die Manifestation der Kunstidee in die Objektivität tritt, und wo die ursprünglich erfüllte Phantasie nun in thätiger Formbildung erscheint, um das, was innerlich erregt, nach der äußerlichen Manifestation hin gesetzmäßig zusammen zu fassen. Dieser Moment ist der Moment der Konception, in welchem schon in einer formellen Identität von Einheit und Vielheit die Kombination des Kunstwerkes wirklich hervortritt.

§. 90.

Der dritte Moment ist der der Ausführung der wirklich und wahrhaft erscheinenden Darstellung, in welchem das Maximum der allgemeinen objektiven Verständlichkeit in der Identität von Inhalt und Form so erreicht wird, daß die Kunstidee nicht bloß das Sein an sich, sondern zugleich das Sein ihrer Erscheinung geworden ist.

§. 91.

Alles, was als Resultat durch diese drei Momente der Kunstthätigkeit zur Erscheinung kommt, ist der Begriff des

Schönen, und die Kunstdarstellung selbst kann in jenen Momenten nichts Anderes erreichen wollen, als das Wohlgefallen am Schönen hervorzurufen.

§. 92.

Als Thätigkeit des menschlichen Geistes hat die Kunst eine wesentliche Beziehung auf die Natur; und wie jeder anderen menschlichen Thätigkeit, so kommt auch der Kunstthätigkeit die Natur in ihrer für alles Geistige lebendigen Receptivität entgegen.

§. 93.

Die Natur zeigt sich als die empfängliche Substanz für die Kunstgebilde des Geistes, und der Geist erscheint in der Kunst als das ideale Lebensprincip, welcher das Leben der Natur in sein eignes Leben mit hineinzieht; und nur aus dieser Identität der leiblichen Geistigkeit der Natur und der geistigen Leiblichkeit des Geistes resultirt das Kunstwerk.

§. 94.

Der für die Kunstgebilde empfängliche Naturstoff zeigt sich in den vierfachen Elementen, der Rede, des Bildes, des Tons und der Bewegung, und die spekulative Naturlehre hat die Frage zu beantworten, warum grade diese vierfache Natursubstanz als Substrat aller ideellen Kunstthätigkeit erscheint.

§. 95.

Diesen vierfachen Qualitäten der natürlichen Substrate liegen auch vier Kategorieen der Kunstthätigkeit im menschlichen Geiste zum Grunde.

§. 96.

Wenn der Moment jener ursprünglichen Erregung der Idealgehalt in der eigenthümlichen Welt des Gedankens seinen Ursprung nehmen läßt, so wird er im Uebergange zur Konception und Ausführung auch zu solchen Naturformen sich hinwenden, durch welche das Element des Gedankens auch sonst vermittelt wird.

§. 97.

Diese Natur-Media sind nun, je nachdem der Idealgehalt des Gedankenelements in seiner zeitlichen oder räumlichen Extensität in der Phantasie des Künstlers hervorbricht, entweder die Rede oder das Bild.

§. 98.

Wenn dagegen der Moment jener ursprünglichen Erregung in der eigenthümlichen Welt der Empfindung seinen Ursprung nimmt, so wird er im Uebergange, zum Momente der Konception und Ausführung, auch zu solchen Naturformen sich hinwenden, die auch sonst für die Aeußerungen des Empfindungslebens der natürliche Ausdruck sind.

§. 99.

Diese Natur-Media sind nun, je nachdem der Idealgehalt in der Seele des Künstlers mehr als innerer oder äußerer Moment des Empfindungslebens hervorbricht, entweder der Ton oder die Bewegung.

§. 100.

Die Kunstsphäre des Gedankenlebens, welcher die Naturelemente der Sprache und des Bildes dienen, bilden das überwiegend geistige Gebiet der redenden und bildenden Künste; und die Kunstsphäre des Empfindungslebens, welcher die Naturelemente des Tons und der Bewegung dienen, bilden das Gebiet der musikalischen und mimischen Künste.

§. 101.

Beide Kunstsphären des Gedanken- und Empfindungslebens sind einander nur relativ entgegengesetzt; denn weil der Gedanke die Empfindung in sein eignes Leben mit hineinzieht, so wird aller Idealgehalt in den redenden und bildenden Künsten zugleich geistige Empfindung in der Verklärung des Gedankens; und weil der für sich hervorbrechende Moment der Empfindung in das Leben des Gedankens übergeht, so wird aller Idealgehalt der musikalischen und mimischen Künste zugleich der Moment des Gedankens, und in der wahren Einheit des Kunstlebens tragen und unterstützen sich alle Künste in den mannigfaltigsten Abstufungen ihrer Erscheinung gegenseitig.

§. 102.

Wenn jedes Kunstgebilde auf dem allgemeinen Gebiete der Künste von jener schöpferischen Geisteskraft der Phantasie ausgeht, so ist auf dem Gebiete des Kultus, wo die Kunst als Darstellungsmittel des religiösen Selbstbewußtseins erscheint, die Phantasie nicht in demselben Sinne schaffend, wie auf jenem Gebiete des allgemeinen Kunstlebens.

§. 103.

Wenn die Phantasie in der Kunstproduktion überhaupt ihren Inhalt aus ihrem eignen Leben formbildend zur Darstellung bringt, so ist auf dem Gebiete des Kultus der Phantasie ihr Inhalt in dem religiösen Selbstbewußtsein gegeben, und sie erscheint hier nur als formbildende Thätigkeit.

§. 104.

Aber auch als bloß formbildende Thätigkeit ist die Phantasie in dem Kreise der heiligen Kunst vom religiösen Inhalte schon so ganz durchdrungen, daß sie mit Nothwendigkeit nach den höhern Gesetzen ihres Inhalts sich richten muß, und daß sie als der nach allen Richtungen hin sich manifestirende religiöse Moment erscheint.

§. 105.

In der ideellen und eigenthümlichen Kunstwelt will der Geist in seiner Subjektivität in der Einheit und Harmonie seines Lebens sich manifestiren; aber der wahrhafte Grund der Harmonie und Einheit alles Seins ist nicht die menschliche Subjektivität, sondern Gott, und das Leben, in welchem wir uns dieser Harmonie und Einheit bewußt werden, ist das Leben in der durch Christum gestifteten Gemeinschaft mit Gott.

§. 106.

Die eigenthümliche Welt der Kunstdarstellung überhaupt bildet demnach nur eine niedere Stufe der Offenbarung des Geistes; es ist hier und auf diesem Gebiete nur der menschliche Geist, der schaffend in den Gestalten der Schönheit zum Idealen sich emporringt. Im Kultus ist es der absolute Geist, der Geist Gottes, welcher in der christlichen Gemeinde sich offenbaren will.

§. 107.

Die ideelle Welt der Kunst, insofern sie in die Einheit des Lebens mit schaffender Kraft emporstrebt, trägt das Streben zur Religion in sich, aber sie selbst ist nicht das religiöse Leben, und kann es auch niemals werden.

§. 108.

Die Kunst soll mit Nothwendigkeit nach dem Ziel der Religion hin ihr Leben entfalten, aber sie wird von ihrer eignen Freiheit davon noch zurückgehalten.

§. 109.

Im Kultus, wo nur der religiöse Geist sich manifestirt, ist die absolute Freiheit in ihre absolute Nothwendigkeit übergegangen; der Mensch hat sich hier in seiner Freiheit mit absoluter Nothwendigkeit dem absoluten Geiste hingegeben, und ist dadurch und darin der wahrhaft freie Mensch geworden.

§. 110.

Der Kultus grenzt sich daher auf das bestimmteste von der Kunst dadurch ab, daß die Sphäre seines Lebens die religiöse des christlichen Selbstbewußtseins ist.

§. 111.

Wenn die Kunst neben ihrer schöpferischen Kraft zugleich eine formbildende Thätigkeit an sich trägt, so erscheint sie auf dem religiösen Gebiet des Kultus zwar in demselben Akte formbildender Darstellung, aber ihre formbildende Thätigkeit ist auf diesem Gebiete in der unmittelbaren Einheit des religiösen Lebens und aus derselben hergekommen; das Gesetz und das Maaß, nach welchem im Kultus das religiöse Element zur Darstellung kommt, ist dasselbe Gesetz und Maaß des religiösen Selbstbewußtseins selbst.

§. 112.

Diese formbildende Thätigkeit ist zwar auf diesem Gebiete des Kultus auch eine Thätigkeit der menschlichen Intelligenz, aber sie ist nicht wie auf dem allgemeinen Kunstgebiete außerhalb, sondern in der Sphäre des religiösen Lebens, und in seiner Kraft durchdrungen ist sie auch als Kunstthätigkeit immer zugleich die höchste religiöse Thätigkeit.

§. 113.

In dem Moment der ursprünglich religiösen Erregung, in welcher das Selbstbewußtsein ganz erfüllt und durchdrungen ist von dem Gottesbewußtsein, ist die Substanz des religiösen Lebens mit jener auf die Darstellung, gerichteten formbildenden Thätigkeit noch in ihrer unmittelbaren Einheit, es ist das an sich seiende religiöse Leben, aber noch nicht seine Erscheinung.

§. 114.

In dem Moment der Konception tritt der an sich seiende religiöse Moment zuerst aus seiner Unmittelbarkeit hervor in seine Erscheinung, die Einheit vermittelt sich in der Vielheit, und die formbildende Thätigkeit wird zugleich als religiöse Thätigkeit die Vermittelung jenes ursprünglichen Moments.

§. 115.

In der Ausführung und der religiösen Darstellung selbst ist die Vermittelung des Göttlichen mit dem Menschlichen schon erfolgt; der religiöse Moment ist ein wahrhaft koncretes Leben geworden; die Vielheit ist in die ursprüngliche Einheit wieder zurückgegangen, und hat sich in dieser Vermittelung, wie sie aus ihr hergekommen ist, wiederum mit ihr zusammen geschlossen.

§. 116.

Wie diese Vermittelung auf dem allgemeinen Gebiete der Kunst auf gewissen Natursubstraten beruht, so wird auch auf dem religiösen Gebiete des Kultus, das Natürliche dem Geistigen dienstbar.

§. 117.

Die Rede, das Bild, der Ton und die Bewegung sind die nothwendigen Naturformen, an welche die religiöse formbildende Thätigkeit sich wendet, um den Inhalt des religiösen Lebens, aus welchem sie selbst resultirt, darzustellen.

§. 118.

Diese Naturformen erscheinen jedoch auf diesem Gebiete des Kultus nach der geistigen Substanz des religiösen Lebens, theils qualitativ in einer eigenthümlichen Vereinfachung, theils quantitativ in einem engern Kreise zusammengeschlossen.

§. 119.

Aus §. 102 — 118 ist das Verhältniß der menschlichen Kunst zum Kultus zu erkennen, wie es aus den einzelnen Merkmalen des allgemeinen Kunstbegriffs - und dem Begriff des Kultus nothwendig sich ergiebt.

§. 120.

Im Allgemeinen läßt sich dieses Verhältniß nun so ausdrücken, daß die allgemeine Kunstthätigkeit im Kultus in einen engern Kreis religiöser Kunstthätigkeit sich zusammenzieht, und in diesem besondern und eigenthümlichen Kreise religiöser Darstellung die Vermittelung des religiösen Lebens wird.

§. 121.

Als diese Vermittelung ist die Kunst im Kultus nicht mehr die Kunst an und für sich, sondern sie ist, in die höchste Einheit des religiösen Lebens aufgenommen, so die Vermittelung und Darstellung desselben geworden.

§. 122.

Als Kunst an und für sich trägt sie in der unendlichen Zersplitterung ihres Inhalts, in ihrer höchsten und reinsten Manifestation das Streben nach Vereinigung mit der Religion in sich, aber in ihrer eignen Freiheit verharrend, und ohne in die absolute Nothwendigkeit übergegangen zu sein, kann sie die Religion nicht erreichen.

§. 123.

Im Kultus ist die Kunst das religiöse Leben selbst und somit heilige Kunst geworden, hat, ihres Inhalts sich entäußernd, sich in ihrer unendlichen Vielheit aufgegeben; und indem die Kunst im Kultus mit einem höhern Inhalt, nämlich dem des religiösen Lebens, sich erfüllt, wird sie hierin ihre eigene Verklärung.

## Zweiter Abschnitt.

## Der religiöse Kunststyl.

§. 124.

Obwohl die Darstellungsformen der menschlichen Kunst zur Vermittelung des religiösen Selbstbewußtseins im Kultus als nothwendig erscheinen, so müssen sie doch nach dem Verhältniß der Kunst zum religiösen Selbstbewußtsein, mit welchem sie sich zur religiösen Darstellung im Kultus zusammen schließen, von den gesammten Kunstformen als in einem eigenthümlichen Gepräge sich aussondern und qualitativ und quantitativ als religiöse Darstellungsformen begrenzt werden.

§. 125.

Diese qualitative und quantitative Besonderung der Darstellungsformen im Kultus muß aus der absoluten Geistigkeit und Einfachheit des religiösen Selbstbewußtseins abgeleitet werden, und diese Aufgabe wird gelöst in der Untersuchung über den religiösen Kunststyl.

§. 126.

Diese quantitative und qualitative Besonderung der Kunstformen bestimmt die praktische Theologie auf sehr differente Weise, je nachdem sie dieser oder jener Kirchengemeinschaft angehört und von ihren Grundsätzen ausgehen muß.

§. 127.

Es könnte zwar auch eine allgemeine Untersuchung, vom Standpunkt der Religionsphilosophie aus, über den religiösen Kunststyl angestellt werden, aber diese kann es niemals bewirken, daß der religiöse Kunststyl in allen Kirchengemeinschaften auf gemeinsame und identische Weise sich gestalte.

§. 128.

Darin, daß ein verschiedener Gebrauch von den verschiedenen Kunstformen in den verschiedenen Kirchengemeinschaften gemacht wird, zeigen sich die Differenzen des erscheinenden Kultus auch innerhalb der christlichen Kirche.

§. 129.

Der Grund dieser Differenzen geht jedoch immer zurück auf die Verschiedenheit dogmatischer Grundsätze und Lehren, nach welchen die wesentliche Einheit und Vielheit des religiösen Selbstbewußtseins ihrem Wesen und ihrer Erscheinung nach so oder anders gesetzt erscheint.

§. 130.

Das Princip, von welchem die evangelische Kirche in der quantitativen und qualitativen Besonderung ihrer Kunstformen im Kultus geleitet wird, ist das Bewußtsein, das sie darüber gewonnen hat, daß der Inhalt ihres Glaubens die einfachste Vermittelung durch die einfachste Kunstform in sich selbst trägt, und daß durch keine Vermehrung der für sich seienden Kunstformen im Kultus das religiöse Leben könne angeregt und erhöht werden.

§. 131.

Nach diesem Grundsatz hat in der evangelischen Kirche die Form der Darstellung nur einen Werth im Kultus, sofern sie unmittelbar aus dem religiösen Selbstbewußtsein selbst herkommt, und sich als dessen wahrhafte und einfachste, aber auch eben so wesentliche Manifestation bestimmt. Nach diesem Grundsatz muß die evangelische Kirche jede Kunstform im Kultus verwerfen, die, als vereinzelte für sich seiende Form, jener geistigen Einheit des religiösen Selbstbewußtseins fremd erschiene.

§. 132.

Aus diesem Grunde kann in der evangelischen Kirche kein Kunstelement aufgenommen werden, das, entweder seinem Inhalte oder seiner Form nach, mit dem Inhalte des religiösen Selbstbewußtseins sich nicht zusammenschließen, und in der Einheit mit ihm die Darstellung des religiösen Lebens werden könnte.

§. 133.

Da die Kunst ihrem Inhalte nach einen eigenthümlichen Idealgehalt zur Darstellung bringt, so kann sehr leicht solcher dem christlichen Selbstbewußtsein fremdartige Inhalt in den Kultus übergehen wollen.

§. 134.

Wenn solcher Idealgehalt in der eigenthümlichen Welt seinen Ursprung hat, im Kultus aber nur das religiöse Selbstbewußtsein zur Darstellung kommen kann, so käme durch solchen fremdartigen Inhalt etwas in den Kultus, was in seiner Lebenseinheit nicht aufginge.

§. 135.

Solcher fremdartige Inhalt der Kunstproduktion würde im Kultus sich bald darin zeigen, daß er in die Sphäre der subjektiven Kunstdarstellung herabgezogen, und ihm der ihm ganz fremdartige Zweck untergelegt würde, das Wohlgefallen am Schönen hervorzurufen.

§. 136.

Nach dieser Seite hin würde die qualitative Besonderung der Kunstformen im evangelischen Kultus sich negativ in der Kautel ausdrücken lassen, daß nichts von irgend einer Kunstproduktion mit ihrem eignen Idealgehalt in dem evangelischen Kultus erscheinen darf.

§. 137.

Nur wenn dieser Kanon festgehalten wird, kann das im evangelischen Kultus erreicht werden, was man die Keuschheit des religiösen Styls genannt hat.

§. 138.

Die Keuschheit des religiösen Styls ist das negative Merkmal desselben nach seinem Inhalte hin; als solches deutet sie die Grenze an, die zwischen der idealen Welt der Kunst und der Sphäre des religiösen Lebens gesetzt ist; als solche verhütet sie, daß die Kunst im Kultus jemals über ihre Receptivität für einen höhern und absoluten Inhalt hinausgehen kann.

§. 139.

Es wird sich demnach auf allen Gebieten des Kultus die Aufgabe herausstellen, die Keuschheit in der Vermittelung des religiösen Lebens durch die Kunst zu bewahren; nichts aber kann hierüber sicherer entscheiden als die ungetrübte Kraft des religiösen Lebens selbst.

§. 140.

Es giebt auch etwas an der Form der allgemeinen Kunstthätigkeit, was sich als Darstellungsmedium mit dem religiösen Selbstbewußtsein nicht zusammenschließen kann.

§. 141.

In jeder für sich seienden Kunstthätigkeit giebt es eine formbildende Fertigkeit, die in dem Moment der Ausführung in solcher Macht sich geltend machen will, daß sie in eigner Freiheit an und für sich als Kunstmoment angesehen werden will.

§. 142.

Schon auf dem allgemeinen Gebiete der Kunstdarstellung überhaupt verfällt solche Macht der Fertigkeit in der Ausführung, jemehr sie von dem Idealgehalt sich entfernt, und in eigner Freiheit sich geltend machen will, in das Leere und Eitle: in dem evangelischen Kultus, wo alles herkommt und sich hinbewegt aus und nach der Einheit des religiösen Geistes, ist solche äußerliche Macht in der Fertigkeit, die über den Inhalt hinausgeht, gar nicht denkbar.

§. 143.

Wird eine Fertigkeit der Kunstthätigkeit im Kultus dennoch nothwendig verlangt, so wird nach dieser Seite hin die quantitative Besonderung der Kunstformen im evangelischen Kultus sich in der Kautel ausdrücken lassen, daß keine Fertigkeit der Kunstthätigkeit im Kultus, das Maaß der absoluten Einfachheit ihres Inhalts überschreiten und in das Epideiktische oder Ostentative ausarten darf.

§. 144.

Solche Macht in der Fertigkeit der Kunstproduktion würde im Kultus sich bald darin zeigen, daß die religiöse Darstellung, den Moment des religiösen Lebens verkennend, als religiöse Thätigkeit sich aufheben würde.

§. 145.

Nur wenn dieser Kanon festgehalten wird, kann das im evangelischen Kultus erreicht werden, was man die Simplicität des religiösen Styls genannt hat.

§. 146.

Die Simplicität des religiösen Styls ist das negative Merkmal desselben nach seiner Form hin; als solche verhütet sie, daß das Maaß der Einfachheit in der Kunstform jemals überschritten werden, so wie daß das Leere der Kunstform auf Kosten des religiösen Inhalts sich jemals geltend machen kann.

§. 147.

Es wird sich auf allen Gebieten des evangelischen Kultus die Aufgabe herausstellen, die Simplicität des religiösen Kunststyls so zu bewahren, wie sie der Vermittelung des religiösen Lebens in der religiösen Darstellung angemessen ist; auch hierüber wird die ungetrübte Kraft des religiösen Lebens selbst am sichersten entscheiden.

§. 148.

Wie demnach der Inhalt aller religiösen Kunstthätigkeit im evangelischen Kultus kein anderer sein kann als der Inhalt des religiösen Selbstbewußtseins selbst, so geht auch jede formbildende Kunstthätigkeit im Kultus ganz in die absolute Einfachheit jenes Inhalts über; und jedes Moment der Kunstfertigkeit, wie es für sich in der Besonderung auf dem allgemeinen Kunstgebiet noch hervortritt, ist hier in der absoluten sich selbst gleichen Einfachheit untergegangen.

## Dritter Abschnitt.

### Von der Begrenzung des religiösen Inhalts, welcher im evangelischen Kultus zur Darstellung kommt.

§. 149.

Da das christlich religiöse Leben, wie es in der Form des religiösen Selbstbewußtseins die Darstellung und Offenbarung seiner selbst wird, den Inhalt des Kultus bildet, so muß sich doch dieser Inhalt für die Darstellung im evangelischen Kultus noch weiter so begrenzen, daß alles von demselben ausgeschlossen bleibt, was entweder in die ganz allgemeine Sphäre des religiösen Lebens überhaupt gehörte, oder auch, was sich als ein christliches Element schriftgemäß nicht nachweisen ließ.

§. 150.

Ohne dieses Bewußtsein von dem Inhalte des christlich evangelischen Kultus könnten die Kunstformen sich leicht auf einen Inhalt beziehen wollen, der nicht der Inhalt des christlich religiösen Selbstbewußtseins wäre; mithin muß alles, was im evangelischen Kultus zur religiösen Darstellung kommt, auch von dieser positiven Seite gerechtfertigt werden.

§. 151.

Da es innerhalb der religiösen Sphäre eine unendliche Mannigfaltigkeit giebt, in welcher der religiöse Stoff zur Erscheinung gekommen ist, so haben wir doch nach dieser Allgemeinheit hin den Kultus schon darin als den christlich evangelischen Kultus begrenzt, daß wir ihn aus der praktischen Theologie ableiteten, welche auf dem Begriff der christlich evangelischen Kirche beruht.

§. 152.

Besondere Regeln darüber aufzustellen, wie das religiöse Element im evangelischen Kultus sich rein zu erhalten suchen müsse von Elementen der Frömmigkeit, wie sie etwa in der heidnischen und jüdischen Religion zum Vorschein kommen, gehören keinesweges in eine praktische Theologie der evangelischen Kirche, demnach auch in keine Theorie des evangelischen Kultus.

§. 153.

Allein auch innerhalb des Christlichen überhaupt, und des christlich Evangelischen ins Besondere, kommen Differenzen vor, die den wahrhaften Begriff des religiösen Inhalts, wie solcher allein im Kultus der evangelischen Kirche zur Darstellung kommen kann, alteriren.

§. 154.

Jedes christliche Lebenselement, welches im Kultus zur gemeinsamen Darstellung kommt, hat seine absolute Wahrheit allein darin, daß es ein im Glauben an den Erlöser empfangenes und angeeignetes ist.

§. 155.

Daß der Sohn Gottes Mensch geworden ist, und das Werk der Erlösung auf Erden vollzogen hat, ist die Thatsache, auf welche alles, was im christlichen Selbstbewußtsein vorkommt, zurückgeführt werden muß.

§. 156.

Das Werk der Erlösung zeigt sich negativ darin, daß durch den Sohn Gottes in uns die Sünde, welche das Leben in der Gemeinschaft mit Gott zerstört hatte, aufgehoben wird; positiv aber darin, daß das neue Leben in der Gemeinschaft mit Gott in ihm uns mitgetheilt wird.

§. 157.

An dem Werk der Erlösung kann man keinen wirklichen Antheil nehmen, als im Glauben an den Erlöser; der Glaube aber, der seine Vorbereitungsstufe in dem Bewußtsein von der Erlösungsbedürftigkeit der sündhaften menschlichen Natur hat, ist die unmittelbare Lebens-Vereinigung mit dem Erlöser, in der Identität unsrer Empfänglichkeit und seiner Selbstthätigkeit in uns gewirkt.

§. 158.

In diesem Glauben beendet der Mensch den alten Zustand der Sünde, und tritt in den neuen der göttlichen Gnade; ist nun ferner der Glaube die Fülle aller geistigen Kräfte von unserm Leben in Christo, so ist er der Akt der Offenbarung der göttlichen Gnade an uns, und kann auf keinen andern Grund zurückgeführt werden.

§. 159.

Wie demnach die Erlösung eine geschichtliche Thatsache, und die Offenbarung der göttlichen Gnade an uns ist, so nimmt auch jeder nur an der Erlösung wirklich Theil, welcher durch die That des Erlösers in jenen Zustand der göttlichen Gnade eingegangen ist.

§. 160.

Jeder Versuch die Idee des Christenthums auf allgemeine Weise, und nicht aus diesem Glauben an den Erlöser, abzuleiten, würde ein dem christlichen Kultus durchaus fremdartiges Element erzeugen, welches auf keine Weise zur Darstellung in der christlich religiösen Gemeinschaft gebracht werden könnte.

§. 161.

Solche Versuche, die Idee des Christenthums auf allgemeine Weise zu bewahrheiten, und dem begreifenden Verstande nach seinen subjektiven Maximen näher zu führen, sind mannigfaltig in derjenigen Richtung des Geistes gemacht worden, welche man die spekulative des Denkens nennt.

§. 162.

Da aber die spekulative Idee, auch wenn sie alles willkürliche, und bloß subjektive Verfahren aufgiebt, und sich rein an die Objektivität des Seins hält, und diese selbst in die Bewegung des Begriffs hineinzieht, dennoch immer nur die eigne, dem Irthum unterworfene That, und nicht die Gnadenthat Gottes in uns ist, so kann kein spekulatives Element im Kultus zur Darstellung kommen.

§. 163.

Das Christenthum ist selbst nicht ohne Einfluß auf die Bewegung des spekulativen Denkens geblieben, indem es ihm den unendlichen Inhalt des Seins näher geführt hat; aber das christlich spekulative Element hat als solches nur in der Wissenschaft, niemals in der unmittelbaren Manifestation des religiösen Lebens selbst seinen Ort.

§. 164.

Wenn die Theologie sich des spekulativen Denkens nicht entziehen kann, und wenn der Theologe den Inhalt seines Glaubens sich auch im Element des spekulativen Gedankens zur Anschauung zu bringen hat, so ist dies ein Geschäft, das der Thätigkeit im Kultus nothwendig vorangehen muß, niemals aber in diese Thätigkeit selbst mit hineingezogen werden darf.

§. 165.

Der Glaube, durch welchen jeder sein religiöses Leben in Christo sich aneignet, ist ein im evangelischen Kultus durch den heiligen Geist gewirkter; und in sofern ist die Erfahrung jedes Gläubigen auch immer die gemeinsame Erfahrung aller Gläubigen in der Gemeinde.

§. 166.

Da die Erfahrung mit unsrer individuellen Natur zusammenhängt, und auf sie sich gründet, so kann sie auch leicht in einem solchen Kreise des individuellen Lebens entspringen, daß sie in der allgemeinen christlichen Erfahrung nicht mehr aufgeht.

§. 167.

In einer solchen zu individuellen Erfahrung kommen Elemente zum Vorschein, die nicht aus dem offenbaren Leben der Religion herkommen, und deswegen in dem allgemeinen religiösen Selbstbewußtsein der Gemeinde nicht aufgehen.

§. 168.

Ein solches Element zu individueller Erfahrung ist das mystische in der Religion, welches, auf einer rein subjektiven Einheit des religiösen Gefühls und des spekulativen Denkens beruhend, niemals ein Element der gemeinsamen christlichen Erfahrung werden kann, und deswegen vom Kultus auszuschließen ist.

§. 169.

Man pflegt auch hinsichtlich des religiösen Stoffs im Kultus einen Unterschied zu machen zwischen dem allgemein religiösen Element, welches dem religiösen Selbstbewußtsein in den Werken der Schöpfung und Erhaltung sich erschließt, und dem eigenthümlich christlich religiösen Element, mit welchem das religiöse Selbstbewußtsein an den Thatsachen der Erlösung erfüllt wird.

§. 170.

Obwohl an den Werken der Schöpfung und Erhaltung und durch deren Erkenntniß der menschliche Geist zum Glauben an Gott geführt, und ihm das religiöse Leben darin aufgeschlossen wird, so ist doch die natürliche Schöpfung in Beziehung auf das christlich religiöse Selbstbewußtsein gar nicht mehr in der Besonderung von der geistigen Schöpfung, welche die Erlösung durch Christum ist, zu betrachten.

§. 171.

Vielmehr wie in einem und demselben Rathschluß Gottes alles in Beziehung auf die Erlösung erschaffen worden ist, so trägt auch das Selbstbewußtsein, wie es in den Werken der Schöpfung und Erhaltung zum Gottesbewußtsein sich erhebt, das christlich religiöse Element schon in sich, und in dem religiösen Selbstbewußtsein des Erlösten findet alles in der natürlichen Schöpfung seine Vollendung in der geistigen Schöpfung durch die Erlösung.

§. 172.

Im Kultus sind also beide Elemente stets in einander und zwar so vorhanden, wie es fromme Elemente für das christlich religiöse Selbstbewußtsein wirklich sind; die Werke natürlicher Schöpfung verklären sich im Kultus zu Werken geistiger Schöpfung; das Werk der Erlösung läßt hier alles Natürliche in die Sphäre seines geistigen Lebens übergehen.

§. 173.

Da jedes christliche Lebensmoment an der Thatsache der Erlösung haftet, also geschichtlicher Natur ist, so muß es in dieser seiner geschichtlichen Basis auch im Kultus hervortreten.

§. 174.

Da jede geschichtliche Vermittelung in der evangelischen Kirche an die Schrift gebunden ist und durch sie geschieht, so folgt hieraus, daß jedes religiöse Element, das im Kultus zur gemeinsamen Darstellung und Aneignung kommt, zugleich seine nothwendige Beziehung auf die Schrift ausdrücken muß.

§. 175.

Die Thatsachen der Erlösung treten zwar im Leben der Kirche unausgesetzt in das religiöse Selbstbewußtsein der Gemeinde, und werden in ihr für sie vermittelt; allein jede Mittheilung der göttlichen Gnade in der Kirche erfolgt in ihrer Wahrheit und Reinheit nur so, wie sie auch in der ursprünglichen Erlösungsthat selbst erfolgt ist.

§. 176.

Diese ursprüngliche That der Erlösung ist in ihrer ewigen Wahrheit gefasset in das Wort Gottes, und weil die Kirche in ihrer intensiven und extensiven Verbreitung in eine fortwährende Berührung mit der Welt treten muß, und leicht in ihrer zeitlichen Erscheinung Elemente der Welt in sich aufnehmen, und dadurch ihr Wesen verlieren kann, so ist das Wort Gottes der Kanon, auf welchen die Kirche alle ihre Lebenselemente zurückzuführen, und in ihrer ursprünglichen Reinheit zu vermitteln hat.

§. 177.

In der Schrift sind die Thatsachen der Erlösung in das Wort gefaßt; wie aber das Wort an sich noch ein unvermitteltes todtes Wort ist, so muß es für die in dem Schriftworte enthaltenen Thatsachen der Erlösung, und dem Worte selbst als äußerlicher Form, noch ein Medium geben, durch welches die Thatsachen in der Schrift, das wirklich religiöse Leben im Bewußtsein werden.

§. 178.

Wenn diese Vermittelung wiederum in das Wort selbst gesetzt wird, so wird, so unbefangen man an die Erklärung des göttlichen Wortes herankommt, dennoch etwas Unmögliches gesetzt; und auch in der allerunbefangensten Schrifterklärung bleibt die Subjektivität des menschlichen Denkens zurück, die dem Inhalt der Schrift niemals gleich gesetzt werden kann.

§. 179.

Ohne die Subjektivität des menschlichen Denkens kann der Inhalt der Schrift kein lebendiger für das religiöse Selbstbewußtsein werden, allein es ist diese subjektive Aneignung der Schrift in der Kirche nicht mehr die für sich seiende, sondern sie ist durch die unausgesetzte Erleuchtung des heiligen Geistes schon in die Objektivität des göttlichen Denkens übergegangen, und hat sich mit ihr zusammen geschlossen.

§. 180.

Da die Schrift göttlichen Inhalts, und der heilige Geist die göttliche Wirksamkeit in uns ist, so kann man sagen, das Göttliche der Schrift kann nur durch das Göttliche erklärt werden; und das ist der allein mögliche Sinn der Formel, die Schrift erklärt sich aus sich selbst, und ist ihr eigner Interpret.

§. 181.

Die Subjektivität des menschlichen Denkens und die objektive Wirkung des heiligen Geistes sind bei jeder Erklärung der Schrift wesentlich in einander, jene kommt auch in ihrer Aktivität wie die noch lebendige Receptivität dem heiligen Geiste entgegen, und dieser erhebt als das absolute Lebensprincip jene Aktivität zur Wahrheit des göttlichen Gedankens, in welchem der Sinn der heiligen Schrift sich allererst der menschlichen Vernunft erschließt.

§. 182.

Die katholische Kirche erkennt zwar an, daß die Schrift die ursprünglichen Thatsachen der Erlösung enthält, aber sie vermittelt diese Thatsachen für das Bewußtsein nur vermittelst der Kirche, und verdunkelt sich darin das Bewußtsein von der Schrift.

§. 183.

Die evangelische Kirche vermittelt die Thatsachen der Erlösung in der Schrift und für die Kirche vermöge der unausgesetzten Wirkung des heiligen Geistes, und nur in dieser Vermittelung beruht das wahrhafte Leben der Kirche Jesu.

§. 184.

Auf diesen Grundsatz muß demnach auch im evangelischen Kultus jede Vermittelung des religiösen Lebens durch die Schrift zurückgeführt werden; und ein religiöses Element, das nicht auf diese Weise vermittelt im evangelischen Kultus zur Darstellung kommen wollte, wäre überhaupt von der Darstellung als unevangelisch auszuschließen.

§. 185.

Die Religionsurkunden des alten Bundes enthalten überwiegend das allgemein religiöse Element, so wie es auch in dem christlich religiösen Selbstbewußtsein im Kultus zur Darstellung kommen kann, jedoch mit der nothwendigen Beschränkung, daß davon alles partikulär Jüdische ausgeschlossen bleiben muß.

§. 186.

Daß die geschichtliche Entwickelung der Religionsidee im jüdischen Volke als die unmittelbarste Uebergangsstufe ins Christenthum angesehen werden muß, zeigt sich am deutlichsten in der den Partikularismus aufhebenden Sehnsucht nach einem Erlöser.

§. 187.

Durch jene Reinheit des allgemein religiösen Elements und durch diese Erwartung eines Erlösers tritt das alte Testament in eine weit höhere als bloß formale und antiquarische Einheit mit den Schriften des neuen Bundes.

§. 188.

Diese Einheit beruht auf der in dem Rathschluß Gottes gesetzten Entwickelung der religiösen Idee, und ist demnach auch in der Erscheinung des religiösen Lebens als nothwendig anzuerkennen.

§. 189.

Diese Einheit ist aber auf keine Weise so auszudrücken, daß darin die Entwickelung der religiösen Idee nicht mehr erkannt würde; vielmehr ist das wahrhaft christliche Element im alten Testamente sowohl in der Form des Gesetzes, als auch in der Erwartung eines Messias, das noch nicht wirklich erschienene, sondern ersehnte göttliche Leben; im neuen Bunde ist das ersehnte göttliche Leben des alten Bundes die wirkliche Erscheinung geworden.

§. 190.

Wenn nun dem Glauben an den Erlöser und dem Leben der Wiedergeburt das Bewußtsein von der Erlösungsbedürftigkeit voran geht, und wenn das christlich religiöse Selbstbewußtsein von der Erkenntniß der Sünde, welche das Gesetz wirkt, seinen Entwickelungsgang nimmt, so kann die Ansichtsweise keine Geltung finden, daß das christlich religiöse Element im Kultus und im gesammten Kirchendienste durch und in den Schriften des alten Bundes nicht könnte zur Darstellung kommen.

§. 191.

Je mehr das christliche Selbstbewußtsein noch zur Entwickelung gebracht werden soll, desto mehr wird das religiöse Element durch das alte Testament in der lebendigen Beziehung auf das neue vermittelt werden; je mehr aber das christlich religiöse Selbstbewußtsein zu seiner Entwickelung gelangt ist, desto mehr wird das religiöse Element durch das neue Testament, wie es die Erfüllung des alten geworden ist, zur Darstellung kommen.

§. 192.

Im Kultus, für welchen die durch den heiligen Geist erleuchtete Gemeinde in der höchsten Reife ihres christlichen Selbstbewußtseins vorausgesetzt werden muß, wird die Vermittelung durch die Schriften des alten Testaments weniger hervortreten können, als auf andern Gebieten des Kirchendienstes, wo das christliche Selbstbewußtsein erst entwickelt wird.

§. 193.

Das alte Testament zur ausschließlichen Vermittelung des religiösen Lebens zu machen, und den gesetzlichen Standpunkt für den allein religiösen zu erklären, würde eine Rückkehr andeuten von dem Christenthum ins Judenthum.

§. 194.

Das neue Testament zur ausschließlichen Vermittelung des religiösen Lebens zu machen, und das Evangelium für den alleinigen Standpunkt des religiösen Lebens zu erklären, ist zwar die Idee des Christenthums selbst, aber zugleich als Vermittelung kann das Christenthum die nothwendige Mittelstufe der durch das Gesetz in der menschlichen Natur hervorgerufenen Erlösungsbedürftigkeit nicht umgehen.

## Vierter Abschnitt.

### Von den im evangelischen Kultus erscheinenden Kunstformen.

§. 195.

Der Inhalt des religiösen Lebens, wie er durch die Schrift im evangelischen Kultus für das fromme Selbstbewußtsein der Gemeinde vermittelt wird, hat zu seiner unmittelbarsten Darstellungsform die Sprache.

§. 196.

Der Inhalt des religiösen Lebens, wie er innerlich das höchste und geistigste Element des Lebens ist, setzt sich selbst schon in dieser Innerlichkeit als ein sich mittheilendes und sich manifestirendes, er wird so in dieser immanenten Lebendigkeit und Bewegung das Lautwerden durch die menschliche Naturform der Sprache.

§. 197.

Es gehört demnach zum Wesen des religiösen Inhalts selbst, daß er in seiner reinsten Innerlichkeit zugleich die Form der Sprache annimmt, durch welche er mitgetheilt und anangeeignet werden kann.

§. 198.

Da im evangelischen Kultus alles Mittheilung und Aneignung des religiösen Lebens in seiner reinsten Innerlichkeit ist, so muß auch alles in demselben nothwendig an das Element der Sprache gebunden sein, und je mehr andere Elemente als die der Sprache im Kultus zum Vorschein kommen, desto mehr wird die Mittheilung und Aneignung des religiösen Lebens in Naturformen herabgezogen, die der Idee des evangelischen Kultus nicht entsprechen.

§. 199.

Die Sprache ist die eigentliche Manifestationsform des Gedankens, und alles, was sonst auch in dem unmittelbaren Empfindungsleben ein mittheilbares wird, geht in der Form der Sprache zugleich in den Gedanken über, und wird im Gedanken ein Mittheilbares für das Bewußtsein aller.

§. 200.

Im evangelischen Kultus ist jede Mittheilung des religiösen Elements gebunden an die religiöse Substanz des Gedankens, und nur durch den Gedanken wird die Mittheilung und Aneignung eine bewußte, und eine für alle auf gleiche Weise gesetzte.

§ 201.

Was im evangelischen Kultus auch als unmittelbarer Gefühlsinhalt, oder als angeregte Bewegung des Willens erscheint, ist immer zugleich im Element des Gedankens gesetzt, und wird durch dieses ein durch die Sprache für alle in der Gemeinde Vermitteltes.

§. 202.

Ist die Mittheilung und Aneignung des religiösen Elements im evangelischen Kultus so ganz an die Naturform der Sprache geknüpft, so können keine anderen Darstellungsformen in demselben zur Anwendung kommen, als welche ihrem innerlichen Wesen nach in eine wahrhaft lebendige Verbindung mit der Rede gebracht werden können.

§. 203.

Die Sprache beruht auf organischer und intellektueller Thätigkeit, und daß sie der jedesmalige adäquate Ausdruck des Gedankens wird, beruht auf dem Kunstproceß der Sprachbildung, dessen Gesetze erlernt und angeeignet werden müssen.

§. 204.

Der Sprachproceß an sich ist immer schon eine nach gewissen Gesetzen und nach bestimmtem Maaß erfolgende, und deswegen künstlerische Thätigkeit; neben und in diesem mehr natürlichen Proceß wird an der Sprachbildung zugleich auf bewußte Weise und nach wissenschaftlichen Gesetzen gearbeitet.

§. 205.

Wird irgend ein eigenthümlich begrenzter Gedankeninhalt in der ihm angemessenen Form der Sprache dargestellt, so hat der Darstellende in dem Moment einer Kunstthätigkeit versirt.

§. 206.

Keiner, der nicht die Gesetze der Sprache und den ganzen Bildungsproceß derselben sich angeeignet hat, kann irgend einen Gedankeninhalt auf adäquate, d. i. kunstgemäße Weise darstellen.

§. 207.

Wenn nun im Kultus das religiöse Element zur Darstellung durch die Sprache kommen soll, so wird von demjenigen, der in dieser Darstellung versirt, nothwendig verlangt daß er den ganzen Proceß der Sprachbildung, welcher zum theologischen Studium gehört, durchgemacht habe.

§. 208.

Der Proceß der sprachlichen Darstellung ist im Kultus erst darin die religiöse Kunstthätigkeit, daß er innerlich von der religiösen Lebendigkeit des christlichen Selbstbewußtseins ausgeht.

§. 209.

Ohne die ursprüngliche Erregung, in welcher das Selbstbewußtsein auch ganz erfüllt und durchdrungen ist von dem Gottesbewußtsein, und in welcher die menschliche Receptivität der Wirksamkeit des göttlichen Geistes sich hingiebt, kann überhaupt keine Mittheilung und Aneignung im christlichen Kultus gedacht werden.

§. 210.

Was, ohne diesen innersten religiösen Moment erfahren zu haben, im Kultus durch noch so große Kunstfertigkeit in der Sprache producirt würde, wäre nur ein Inhalt, der aus dem religiösen Leben nicht herkäme, also im Kultus nur Schein.

§. 211.

Jener religiöse Moment, wie er in der ursprünglichen Erregung noch ein Moment an sich ist, schließt aber schon die immanente Bewegung zur Manifestation in sich, und in dieser Bewegung setzt er sich zugleich um in die Thätigkeit, durch welche alles, was in seiner innersten und unmittelbarsten Einheit begriffen ist, in die Vielheit hineingesetzt wird; und diese Thätigkeit, durch welche die Einheit, die noch an sich ist, zur geregelten Vielheit für die Erscheinung gesetzt wird, schließt den formbildenden Proceß des Gedankens in der Richtung auf die Sprache schon in sich.

§. 212.

Hat sich so der religiöse Inhalt aus der Einheit in die Vielheit gesetzt, so kommt nun alles in der zusammengeschlossenen Vielheit Gesetzte durch die Vermittelung der Sprache zur Darstellung, und in dieser Sprach-Vermittelung schließt sich alles Einzelne als das konkret Erfüllte in jener ursprünglichen Einheit wieder zusammen.

§. 213.

Alles, was von religiösem Inhalt im Kultus durch die Sprache zur Darstellung kommt, wird sich an diesen drei Momenten nothwendig zu entwickeln haben; und da diese Momente auch jede Darstellung auf dem allgemeinen Kunstgebiete zu durchlaufen hat, so tritt hierin die religiöse Darstellung im Kultus in Analogie zur Kunstdarstellung überhaupt.

§. 214.

Im Kultus aber ist alle menschliche und formbildende Thätigkeit von jenem ersten Momente aus zugleich religiöse Thätigkeit; in der Kunst ist alle formbildende Thätigkeit vom ersten Momente der Erregung aus nur künstlerische Thätigkeit.

§. 215.

Ist auch der religiöse Redner im Momente seiner Produktion zugleich in einer formbildenden Thätigkeit der Zergliederung der Gedanken und der Ausführung in der Sprache, so ist doch diese seine formbildende Thätigkeit zugleich auch ganz aufgegangen in seiner religiösen Thätigkeit.

§. 216.

Diese formbildende Thätigkeit, die nach bestimmtem Gesetz und Maaß erfolgt, wenn sie den religiösen Inhalt zur Darstellung durch die Sprache bringt, und jener religiöse Inhalt, wie er im lebendigen Moment des Selbstbewußtseins nach dieser Thätigkeit hin in der Sprachform sich manifestiren will, sind die beiden Faktoren, aus welchem alles, was im Kultus gesprochen wird, zusammengesetzt ist.

§. 217.

Betrachtet man jene formbildende Thätigkeit überwiegend als das Menschliche in der Darstellung, so ist es doch von dem göttlichen Inhalt durchdrungen; betrachtet man jenen Moment des religiösen Selbstbewußtseins als das Göttliche, so ist er im Kultus doch wesentlich in die menschliche Darstellungsform übergegangen.

§. 218.

Sieht man die formbildende Thätigkeit in der religiösen Rede vorzüglich als Kunstthätigkeit an, so ist sie zugleich religiöse Kunstthätigkeit, und betrachtet man jenen Moment des religiösen Selbstbewußtseins als das eigentlich religiöse Leben, so ist er im Kultus doch zugleich an jene Kunstthätigkeit gebunden.

§. 219.

In dieser Identität der formbildenden Sprachthätigkeit, und des wahrhaft religiösen Moments ist demnach die Darstellung im Kultus eine heilige Kunstdarstellung zu nennen.

§. 220.

Die Religion hat im Kultus mit ihrem Inhalt die Kunstform durchdrungen, ihre Thätigkeit zur religiösen Thätigkeit erhoben, um sich darin, und durch kein ihr fremdartiges Medium, zur Erscheinung zu bringen.

§. 221.

Alle Regeln, welche die Theorie für alles, was im Kultus durch die Sprache zur Darstellung kommt, wird aufzustellen haben, werden sich darauf zurückbeziehen, daß die Sprachform in der Angemessenheit zu ihrem Inhalt sich entwickeln, und daß durch die formbildende Thätigkeit nicht fremdartige, jenem religiösen Inhalt unangemessne Elemente beigemischt werden.

§. 222.

Durch diesen höhern Zweck erhebt sich die Theorie der religiösen Beredsamkeit weit über das Gebiet der allgemeinen Rhetorik; sie will das Oratorische nicht an sich, sondern das Religiöse im Oratorischen, Beides als wahrhaft in einander aufgegangen, darstellen.

§. 223.

Die Sprache ist organische, durch Sprachwerkzeuge bewirkte Vermittelung des religiösen Gedankens; als solche ist sie nicht bloß das Lautwerden durch das Organ der menschlichen Stimme, sondern sie wird lebendiger Ausdruck auch in der mimischen Bewegung der Gesichtszüge und der Gliedmaaßen.

§. 224.

Je mehr es der unmittelbare Empfindungsinhalt ist, der durch die Sprache zur Darstellung kommt, desto mehr zeigt sich die innere Erregung des Seelenlebens auch in der mimischen Bewegung des Körpers.

§. 225.

Es verbindet sich demnach unmittelbar mit der Kunstform der Rede zugleich das Mimische der Bewegung, und wie jene nur nach dem Maaße und Gesetze der Kunstthätigkeit die wirkliche Form der Kunstdarstellung wird, so auch muß diese als Kunstelement auf gewisse Gesetze und auf ein bestimmtes Maaß der Kunstproduktion sich zurückführen lassen.

§. 226.

Da das mimische Element der Bewegung sich am stärksten da manifestirt, wo das Empfindungsleben mit dem natürlichen Affekt zusammenfällt, so scheint es, daß dieses Element mehr in das allgemein oratorische Gebiet, wo Empfindungen, welche bis zu solchem Affekt sich steigern, noch in der Form der Kunst dargestellt werden können, zu verweisen ist.

§. 227.

Das religiöse Element, welches im Kultus zur Darstellung kommt, schließt zwar auch den Inhalt des unmittelbaren Gefühls- und Empfindungslebens in sich, aber es ist die religiöse Empfindung zugleich die höchste Geistigkeit des Menschen, in welcher jeder sinnliche Moment, also auch die Steigerung der Empfindung bis zum Affekt, überwunden ist; und die religiöse Empfindung erscheint in dieser ihrer Geistigkeit als zugleich in der Identität des Gedankens, so daß ihre Bewegung eine rein innere des geistigen Lebens überhaupt ist.

§. 228.

Diese innere geistige Bewegtheit ist zwar zugleich eine Bewegtheit des Organismus, aber es ist die Bewegung, in der das Geistige das Leibliche so ganz durchdrungen hat, daß das mimische Element an der religiösen Rede in seiner Geistigkeit zugleich mit erscheint, und keines besondern Maaßes bedarf.

§. 229.

Ist so in der religiösen Rede das mimische Element unmittelbar an die innere geistige Bewegung gebunden, und kann diese die nur sich selbst gleiche Einfachheit sein, so folgt hieraus, daß dasselbe an dem, was im Kultus gesprochen wird, nur in sehr geringem Maaße, und desto reiner hervortreten wird, je mehr es aus jener unmittelbaren geistigen Bewegung herkommt, und durch sie schon innerlich vermittelt erscheint.

§. 230.

Da in der religiösen Beredsamkeit das religiöse Element in der Identität mit dem oratorischen erscheinen soll, so werden auch Regeln darüber aufgestellt werden müssen, daß das das Oratorische begleitende mimische Element auf angemessne Weise auf diesem eigenthümlich religiösen Gebiete des Kultus hervortrete; diese Regeln werden sämmtlich nur negativer Natur sein. —

§. 231.

Wie der Inhalt des religiösen Selbstbewußtseins durch die Kunstform der Rede nach der Seite des Gedankens hin vermittelt wird, so will derselbe Inhalt des religiösen Selbstbewußtseins auch nach der unmittelbaren Empfindung hin zur Erscheinung kommen, und dies geschieht durch das Element des Tons.

§. 232.

Das Empfindungsleben ist zunächst nicht das religiöse Leben, aber es ist die organische Receptivität für dasselbe, so wie für das geistige Leben überhaupt, und da das religiöse Leben die ganze Receptivität der menschlichen Natur in Anspruch nimmt, so muß es auch an dem Empfindungsleben zur Erscheinung kommen.

§. 233.

Die Empfindung ist in ihrer geistigen Receptivität die geistige Empfindung selbst, als solche geistige Empfindung offenbart sie sich in dem Naturelement des Tons.

§. 234.

Der Ton ist der unmittelbare Ausdruck des Empfindungslebens, als solcher ist er das Erzittern der Natur in sich selbst, worin sich ihre Sehnsucht in das Geistige hineinzutreten zu erkennen giebt.

§. 235.

Wie das Empfindungsleben eine unendliche Differenz der Zustände in sich schließt, so auch schließt das Element des Tons, in welchem die Empfindung sich offenbart, eine solche unendliche Differenz in sich.

§. 236.

Die geistige Empfindung wird in der Einheit ihrer Zustände ein Idealgehalt, welcher in der Identität der melodischen Einheit und harmonischen Vielheit sich offenbaren will.

§. 237.

Darauf, daß der Idealgehalt der geistigen Empfindung in der melodischen Einheit und harmonischen Vielheit der Töne sich ausdrückt, beruht das Wesen aller musikalischen Künste.

§. 238.

Es frägt sich, ob das musikalische Element in diesem Sinne, daß es Vermittler der geistigen Empfindung ist, in dem evangelischen Kultus als Darstellungsform aufgenommen werden kann.

§. 239.

Die Empfindung auch von diesem geistigen Inhalt kann niemals Inhalt der religiösen Darstellung im Kultus werden, wenn sie nicht auch als geistige Empfindung übergegangen ist in den religiösen Inhalt selbst.

§. 240.

Wie in der Form des religiösen Selbstbewußtseins das Gottesbewußtsein das ganze natürliche und geistige Leben des Menschen durchdringt, so auch durchdringt nothwendig das religiöse Element das ganze unmittelbare Empfindungsleben.

§. 241.

In dieser Durchdringung und Identität mit dem religiösen Selbstbewußtsein geht das Empfindungsleben zugleich über in das Leben des religiösen Gefühls und des religiösen Gedankens.

§. 242.

In diesem Uebergange und in dieser Identität erscheint das ganze Empfindungsleben nur als die Form, die in einer höhern Receptivität sich dem höchsten Inhalte des religiösen Lebens hingegeben und sich mit ihm zusammengeschlossen hat.

§. 243.

Als solche Empfindung, die sich ihres natürlichen Seins entäußert, und das religiöse Gefühl geworden ist, kann sie im evangelischen Kultus nur zugleich in der Identität des Gedankens zur religiösen Mittheilung und Darstellung kommen.

§. 244.

Das musikalische Element des Tons beschränkt sich demnach im evangelischen Kultus auf den Gesang, der zugleich an die Form und den Inhalt der bewußten Rede gebunden ist, und unmittelbar im Element des Gedankens versirt.

§. 245.

Als Gesang im Kultus wird ihm sein Inhalt gegeben durch denjenigen Theil der redenden Kunst, welcher die religiöse Poesie bildet.

§. 246.

Da unter der Form des Empfindungslebens die geistige Receptivität des Menschen sich am allgemeinsten erschließt, und da in dieser Form der Mensch in seiner unmittelbarsten Subjektivität dem religiösen Inhalte sich hingiebt, so erscheint der religiöse Gesang als eine wesentliche Form der religiösen Darstellung im evangelischen Kultus.

§. 247.

Da jede andere Thätigkeit im Kultus an die Produktion gebunden ist, die nur der Einzelne sich erwerben kann, so erscheint der religiöse Gesang zugleich als diejenige Kultusform, in welcher die Gemeinde selbst den religiösen Inhalt zur Darstellung bringt; und auch in dieser formellen Hinsicht wird der religiöse Gesang ein wesentlicher Bestandtheil des evangelischen Kultus.

§. 248.

Wenn nun der Ton der menschlichen Stimme ein wesentliches Element für die Darstellung des religiösen Inhalts im evangelischen Kultus ist, so wird er doch nur in Angemessenheit zum religiösen Inhalt als Kunstform sich geltend machen können, d. i. der religiöse Kirchengesang wird in eigenthümlichen Grenzen sich zusammenziehen, und es werden auch hier Grundsätze aufgestellt werden müssen, nach welchen diese formelle Kunstthätigkeit des Singens mit dem religiösen Inhalt des christlichen Selbstbewußtseins sich zusammenschließt.

§. 249.

Diese Regeln werden sich beziehen sowohl auf das Musikalische des Kirchengesanges selbst, als auch auf dessen gegebenen Inhalt der religiösen Poesie.

§. 250.

Das musikalische Element des Gesanges erscheint im Kultus auch begleitet von der Instrumental-Musik, und es frägt sich, ob diese Kunstform einen Anspruch machen kann, im evangelischen Kultus als Darstellungsform sich geltend zu machen.

§. 251.

Die Instrumental-Musik an sich und ohne den Gesang hat ihren Idealgehalt immer nur in der unmittelbaren Empfindung, wie der Gedanke noch nicht in ihr selbst ist, sondern an ihr wie an der erhöhten Gemüthsstimmung sich entwickelt.

§. 252.

In dieser Form des Empfindungslebens, die in sich selbst nicht aufgeht in das Element des Gedankens, kann der Inhalt des religiösen Lebens nicht zur Erscheinung kommen.

§. 253.

Höchstens könnte ein solches Empfindungsleben, wie es in der Instrumentalmusik angeregt und dargestellt wird, das in niedern Potenzen des Lebens zerstreute Gemüth von dieser Zerstreuung befreien, und in ihm eine erhöhte Stimmung hervorrufen.

§. 254.

Eine solche Stimmung aber durch irgend ein Kunstelement im Kultus erst hervorzurufen, ist ein dem evangelischen Kultus unwürdiger und fremdartiger Zweck. Tritt aber eine einfache Instrumentalmusik, z. B. der Orgel in die Zeitmomente vor dem Anfange und nach dem Ende des Kultus oder in dessen Pausen, so wird niemand gegen ihr Erscheinen etwas einzuwenden haben.

§. 255.

Erscheint die Instrumentalmusik im Kultus in Verbindung mit der Vocalmusik und den Gesang begleitend, so wächst zwar die Vervielfältigung der Kunstform am Kirchengesange, allein es ist zu bedenken, daß durch einen zu großen Umfang in den Kunstformen das Wesen des Kirchengesanges verloren geht.

§. 256.

Giebt es eine den Kirchengesang begleitende Instrumentalmusik im evangelischen Kultus, so muß sie sich von selbst, nach der Natur dieses Gesanges, auf diejenigen Instrumente beschränken, die als die natürlichste Begleitung der menschlichen Stimme erscheinen.

§. 257.

Eine solche musikalische Begleitung des an sich vollständigen musikalischen Elements im Gesange kann Nachtheiliges, aber auch Vortheilhaftes, nach dem verschiedenartigen Standpunkte der Gemeinde selbst in sich tragen. Es läßt sich an diesem Orte darüber nicht entscheiden.

§. 258.

Vocalmusiken, wie die Oratorien, als gänzlich abgelöst vom Kirchengesange, gehören wesentlich nicht zum evangelischen Kultus, und können auch nur in ganz besondern Fällen und ausnahmsweise im Kultus an einem solchen Orte erscheinen, wo durch sie die innere organische Einheit desselben nicht gestört wird.

§. 259.

Von den Formen der bildenden Künste sind für den Kultus die Architektur, die Skulptur und die Malerei, jedoch nach der Eigenthümlichkeit der verschiedenen christlichen Kirchengemeinschaften, und nach den verschiedenen Epochen ihrer geschichtlichen Entwickelung, in Anwendung gebracht worden.

§. 260.

Wenn sich für die Theilnahme am Kultus eine Menschenmasse versammelt, so erfordert die Natur der Sache, daß sie durch ein Gebäude räumlich abgeschlossen und begrenzt werde.

§. 261.

An ein solches Gebäude kann zunächst kein anderer Anspruch gemacht werden, als daß es die möglichst zweckmäßige Benutzung des Raums darbietet, und daß der begrenzte Raum selbst im richtigen Verhältniß zur Größe der Gemeinde steht.

§. 262.

Die möglichst zweckmäßige Benutzung des Raums beruht auf der akustischen Konstruktion der innern räumlichen Verhältnisse, so daß der Ton des Redenden überall vernommen werden kann; und auf der überall gleichmäßigen Verbreitung des Lichts, damit alle Hörenden den Sprechenden auch sehen können.

§. 263.

Ueber die Form eines solchen Kirchengebäudes, in welcher jener Zweck am sichersten erreicht wird, muß die kirchliche Architektonik entscheiden.

§. 264.

Da aber der christliche Kultus als gemeinsame Darstellung des religiösen Lebens ein eigenthümliches Gebiet des Lebens überhaupt bildet, und zwar das erhabenste, welches auf eine seiner Natur nach besondere Weise sich zu erkennen geben muß, so müssen Kirchengebäude auch einen eigenthümlichen, von allen übrigen öffentlichen Gebäuden sich unterscheidenden Charakter an sich tragen.

§. 265.

In dieser Forderung liegt, daß die Form der Kirchengebäude nicht bloß nach jener Zweckmäßigkeit hin sich bestimmt, sondern, vielmehr daß, in Beziehung auf diesen eigenthümlichen Charakter, der architektonischen Kunstthätigkeit ein weiter Spielraum gelassen sei.

§. 266.

In der evangelischen Kirche hat sich ein eigenthümlicher architektonischer Kunststyl noch nicht herausgebildet, was seinen Grund theils darin hat, daß bei ihrem Entstehen weit mehr gegen Ueberhäufung von Kunstformen gekämpft werden mußte, als daß man an neue Kunstschöpfungen hätte denken können; theils auch darin, daß das Entstehen der evangelischen Kirche in jene weltgeschichtliche Epoche fiel, wo ein erweiterter Weltverkehr den Sinn zugleich auf andere Bedürfnisse und Interessen hinlenkte.

§. 267.

Ob es das Richtige sei, daß bei Errichtung der evangelischen Kirchengebäude man den frühern architektonischen Styl nachahmt, oder ob man, ohne Berücksichtigung namentlich jener großartigen Kunstformen der gothischen Baukunst, darnach zu streben hat, daß ein eigenthümlicher architektonischer Styl auch in der evangelischen Kirche sich bilde, gehört nicht innerhalb der Grenzen dieser Untersuchung.

§. 268.

Wie der Idealgehalt nach Seiten des Gedankens hin zur Darstellung kommt durch die redenden Künste, so kommt der Idealgehalt nach Seiten des Bildes hin zur Darstellung durch die bildenden Künste.

§. 269.

Das Bild ist die leibliche Vermittelung des Geistigen im Raume; die Sprache ist die geistige Vermittelung des Gedankens in der Zeit.

§. 270.

Das Bild vermittelt das Geistige in der Wahrnehmung durch die Hülfe der Sinne, die Rede vermittelt das Geistige zugleich im Denken durch das Bewußtsein.

§. 271.

Das Bild fixirt den Moment des Idealgehaltes in der räumlichen Anschauung; die Rede bewegt den Moment des Idealgehalts in seiner unmittelbaren geistigen Lebendigkeit.

§. 272.

Da der Inhalt des mitgetheilten göttlichen Lebens in Christo ein rein geistiger ist, und da das Selbstbewußtsein seine Lebendigkeit hat in der unmittelbaren Bewegung des Gedankens, so kann keine bildende Kunst, welche immer an eine räumliche Vermittelung geknüpft ist, jenen Inhalt in seiner absoluten Wahrheit und Geistigkeit erreichen.

§. 273.

Da im evangelischen Kultus alle Mittheilung des religiösen Inhalts unter der Form des christlichen Selbstbewußtseins nur an solche Kunst-Media gebunden ist, welche auf unmittelbare Weise diesen Inhalt im Element des Gedankens zur Mittheilung bringen, so kann auch im evangelischen Kultus die bildende Kunst, welche den Gedanken allererst durch räumliche Anschauung vermittelt, keinen positiven Werth als wirkliche Darstellungsform des religiösen Inhalts haben.

§. 274.

Je mehr dagegen in einem Kultus der christlich religiöse Inhalt noch durch die Formen sinnlicher Wahrnehmung zur Darstellung kommt, desto mehr wird auch die bildliche Darstellung des religiösen Elements in einem solchen Kultus Bedeutung haben können.

§. 275.

Kann die bildende Kunst im evangelischen Kultus eine Darstellungsform des religiösen Elements unmittelbar nicht werden, so ist ihr Erscheinen im evangelischen Kultus deswegen nicht absolut ausgeschlossen; hat sie nämlich ihren Begriff darin, das Geistige im Räumlichen darzustellen, so wird sie ein wesentliches Element der architektonischen Kunst.

§. 276.

Da nämlich die Kirchengebäude und die heiligen Oerter in denselben das Gepräge des Geistigen, in dessen Dienste sie stehen, an sich tragen, so ist hierin ein weiter Umfang gegründet, wie die bildende Kunst mit der kirchlichen Architektonik sich verbindet, damit diese jenen Zweck erreichen könne.

§. 277.

Wie demnach das mimische Element an der Rede das musikalische an der der religiösen Poesie ist, so ist die bildende Kunst im evangelischen Kultus an der Architektonik hervorgetreten.

§. 278.

Das Element der bildenden Kunst entfaltet seine Idee entweder noch als in die Macht des Leiblichen versunken und an sie gebunden, oder als in höherer Freiheit geistiger Anschauung; in jenem Falle versirt die bildende Kunst noch in der niedern Potenz der Skulptur, in diesem Falle ist sie die höhere Darstellung durch das Naturelement der Farbe in der Malerei.

§. 279.

Je größer die Raumverhältnisse sind, welche in einem Kirchengebäude die bildende Kunst zu verschönern und in der Potenz des Geistigen darzustellen hat, desto mehr werden auch Elemente plastischer Darstellung hervortreten können; je mehr die Raumverhältnisse schon bestimmt, und je näher sie, wie in den heiligen Oertern, ihrer Idee gebracht sind, desto mehr wird zu ihrer Vergeistigung die Malerei dienen.

§. 280.

Da von allen Kunstformen die gesprochne Rede das religiöse Element im evangelischen Kultus am unmittelbarsten und in seiner höchsten Geistigkeit vermittelt, und da im Verhältniß zur Rede die übrigen Kunstformen im Kultus nur als Begleitung erscheinen, so muß über das Sprachelement als Kunstform noch hinsichtlich der Differenz die sich als Prosa und Poesie in der Rede herausstellt näher gehandelt werden.

## Fünfter Abschnitt.

### Vom Verhältniß der Prosa und Poesie in der redenden Kunst.

§. 281.

Prosa und Poesie stehen in keinem solchen Verhältniß zu einander, daß erstere nicht denselben Anspruch auf die Form künstlerischer Darstellung machen könnte, wie letztere.

§. 282.

Fände sich ein solcher Unterschied von beiden wirklich vor, so würde das Meiste, was im evangelischen Kultus zur Darstellung und Mittheilung kommt, ohne Kunstform zur Darstellung und Mittheilung kommen.

§. 283.

Schon ganz im Allgemeinen läßt sich aber nicht läugnen, daß das, was in Prosa gesprochen wird, sehr kunstvoll gesprochen sein kann, und daß es eine Darstellung in der Prosa giebt, die den Kunstcharakter in einem höhern Grade an sich trägt, als gewisse Gattungen der Poesie.

§. 284.

Wollte man den Unterschied von beiden so ausdrücken, daß man sagte, das Künstlerische habe seinen Inhalt in Schöpfungen der Phantasie, und für solchen Inhalt werde eben die Poesie Kunstausdruck in der Sprache; dagegen beziehe sich das prosaische Element nur auf das Didaktische, wie es nach dem logischen Gesetze zu Stande kommt, und diene somit der Sphäre der Wissenschaft, nicht der Kunst, so ist auch dieser Unterschied nur ein scheinbarer.

§. 285.

Auch der Idealgehalt künstlerischer Schöpfungen findet seinen vollkommen adäquaten Kunstausdruck in der Prosa; und selbst die prosaische Darstellung des logisch wissenschaftlichen Elements ist künstlerischer Natur, so wie immer zugleich ein Produkt künstlerischer Thätigkeit.

§. 286.

Faßt man den Unterschied rein an der Form auf, und sagt man, die Poesie sei durch rhythmisches Sylbenmaaß gebunden, die Prosa aber ohne Sylbenmaaß schlichte Rede, so ist dieser Unterschied richtig, aber er trifft nicht das Kunstelement von beiden Kunstformen.

§. 287.

Es kann nämlich etwas vollkommen strophisch dargestellt sein, und doch nicht künstlerisch, und es kann etwas prosaisch dargestellt sein, und doch wahrhaft künstlerisch.

§. 288.

Es giebt demnach keinen Unterschied, welcher das Prosaische als das nicht Künstlerische, und das Poetische als das Künstlerische einander entgegensetzte; vielmehr da in beiden ein Idealgehalt in einer ihm adäquaten Kunstform zum wahrhaften Kunstwerke sich gestalten kann, so muß der Unterschied des Prosaischen und Poetischen in etwas Anderem gegründet sein.

§. 289.

Da die Gedankenreihen des Idealgehalts, welcher durch die Sprache zur Darstellung kommt, in einer solchen Differenz erscheinen, daß in ihnen entweder alles überwiegend auf allgemeine Weise, oder alles überwiegend auf besondere Weise gesetzt ist, so muß sich hierin auch nothwendig eine Differenz im Ausdruck zeigen.

§. 290.

Das, was in den Gedankenreihen überwiegend auf allgemeine Weise sich geltend machen will, zeigt sich als das schon durch den Begriff Vermittelte, und nähert sich im Ausdruck dem zusammenhängenden Satze in der Formel; das, was in den Gedankenreihen überwiegend auf besondere Weise sich geltend machen will, zeigt sich als das im Urtheil Erfahrne, und nähert sich im Ausdruck mehr der bildlichen Darstellung, oder der konkreten und unmittelbaren Wahrnehmung.

§. 291.

Je mehr der sprachliche Ausdruck vermöge seines Inhalts auf dem Gebiet der Erfahrung versirt, je mehr also in der Sprache der Gedankeninhalt durch die unmittelbare konkrete Wahrnehmung vermittelt wird, desto mehr trägt die Rede, sei sie gebunden oder frei, den Charakter des Poetischen an sich; und je mehr der sprachliche Ausdruck vermöge seines Inhalts im Allgemeinen versirt, je mehr also in der Sprache der Gedankeninhalt durch den Begriff vermittelt wird, desto mehr ist die Rede prosaisch, sei sie gebunden oder frei.

§. 292.

Dieser Gegensatz zeigt zugleich die mannigfaltigsten Uebergangsstufen, die vom Ausdruck der reinsten Poesie bis zum Ausdruck der reinsten Prosa sich herausstellen.

§. 293.

Wie sich aber dieser Gegensatz auf dem Gebiete des Kultus so herausstellt, daß es hier gleichfalls eine Kunstdarstellung geben wird, die sich als Prosa theils der Formel, theils der Poesie nähert, so wie eine Poesie, die theils allgemeiner, theils individuell lebendiger Ausdruck des religiösen Elements ist, das wird sich näher zeigen in der organischen Konstruktion der Kultuselemente, zu der wir jetzt fortschreiten.

---

# Zweite Abtheilung.

# Konstruktiver Theil.

---

## Erster Abschnitt.

## Konstruktion der einzelnen Bestandtheile des Kultus in ihrer innerlich organischen Einheit.

### a. Die Einheit in der Mannigfaltigkeit.

§. 294.

Da der Begriff des Kultus auf dem christlich religiösen Selbstbewußtsein beruht, wie es die Einheit des Gottesbewußtseins mit dem Bewußtsein aller zeitlichen Momente ausdrückt, und wie es alle andern Bewegungen des christlich religiösen Selbstbewußtseins in sich aufgenommen habend, die sich selbst gleiche Offenbarung seines göttlichen Inhalts wird, so ist in diesem Begriff des Kultus auch seine höchste und wahre Lebenseinheit zugleich mit ausgedrückt.

§. 295.

Darin nämlich, daß der religiöse Lebensinhalt des religiösen Selbstbewußtseins zugleich seine Offenbarung wird, liegt der Grund, daß derselbe unbeschadet seiner Einheit in die Vielheit seiner Erscheinung tritt; in dieser Vielheit seiner Erscheinung wird er der wahrhaft konkrete Inhalt des religiösen Lebens, und geht dann aus der Vielheit seiner Erscheinung in seine nunmehr konkret gewordene Lebenseinheit zurück.

§. 296.

Diese Vielheit seiner Bestandtheile ist aber keineswegs eine bloß formelle und subjektive, wie sie etwa in den vorhin beschriebenen Manifestationsformen der menschlichen Kunst an ihn herankommt, sondern diese Mehrheit ist die ebenso nothwendige als freie Bewegung in und aus sich selbst; es ist die Wesenheit der religiösen Substanz in dieser Vielheit Erscheinung zu werden, und zu einer Einheit, die sie an sich schon war, nun als die konkret gewordene religiöse Substanz zurückzukehren.

§. 297.

Der Versuch, aus den subjektiven Kunstformen an sich die Mehrheit der Kultusbestandtheile abzuleiten, wäre bloß subjektiv und willkürlich, und würde nie zu einer Konstruktion der Kultusbestandtheile führen, die der Wahrheit des religiösen Selbstbewußtseins gemäß wäre.

§. 298.

Zuerst also muß gezeigt werden, wie der Inhalt des religiösen Selbstbewußtseins in seiner immanenten Bewegung und religiösen Lebendigkeit, aus der Einheit an sich heraus, in die Vielheit sich setzt; um dann zu erkennen, wie alle concret gewordenen Gebiete des Kultus in der wahrhaft gewordenen Einheit ihres Lebens sich wiederum zusammen schließen.

§. 299.

Schließt das religiöse Selbstbewußtsein, wie es als die Manifestation seiner selbst der dem Kultus zum Grunde liegende Begriff ist, zugleich die Momente des bewegten zeitlichen Lebens in sich, so offenbart sich darin das Gottesbewußtsein als das göttliche und alles bewegende oder absolut lebendige Princip, entweder so, daß es jene Momente des zeitlich bewegten Lebens mit sich zusammenschließt, oder daß es dieselben mit sich zusammengeschlossen hat.

§. 300.

In jenem erstern Falle, wo das Gottesbewußtsein die Momente des zeitlich bewegten Lebens mit sich zusammenschließt, ist die religiöse Lebendigkeit des Selbstbewußtseins zugleich die Vermittelung durch die bewußte Thätigkeit des religiösen Gedankens, in dem zweiten Falle, wo das Gottesbewußtsein die Momente des zeitlich bewegten Lebens mit sich zusammengeschlossen hat, hat die religiöse Lebendigkeit diese Vermittelung vollbracht, und ist reinste Selbstdarstellung des absolut religiösen Moments selbst.

§. 301.

In jenem erstern Falle wird in der Vermittelung des religiösen Gedankens die Manifestation der religiösen Lebendigkeit die fromme Betrachtung; in diesem letztern Falle wird in der vollbrachten Vermittelung die Manifestation der religiösen Lebendigkeit das Gebet.

§. 302.

Das Bewußtsein, daß alle Momente des zeitlich und noch für sich seienden Lebens in das Gottesbewußtsein übergehen, und das Reich Gottes werden sollen, ist zwar der continuirliche Gedanke, der das Selbstbewußtsein eines jeden Christen erfüllen soll, im Kultus aber hat dieser Gedanke als fromme Betrachtung seinen innersten Centralpunkt in der Gemeinde Gottes, und wird hier durch die Erleuchtung des heiligen Geistes in der Gemeinde der Heiligen die gemeinsame Erbauung im Leben des Reiches Gottes.

§. 303.

Der Zustand, in welchem wir uns jeder Zeit so zu Gott erheben können, daß alle zeitlichen Momente unsers Lebens in dem Gottesbewußtsein aufgegangen und ihren Ruhepunkt gefunden haben, muß zwar der Grundzustand eines jeden Erlösten sein; aber im Kultus stellt sich die Gemeinde in diesem Zustande als die betende Gemeinde Gott dar, und mittelst der Wirkung des heiligen Geistes wird das Gebet in der Gemeinschaft der Gläubigen der Mittelpunkt für die gemeinsame Aneignung aller göttlichen Gnadengaben.

§. 304.

Das Element des christlich religiösen Lebens manifestirt sich in der frommen Betrachtung als unmittelbarer Gefühlsinhalt zugleich in der Identität des durch diesen Inhalt bewegten Willens, und in der ebenso innerlich und unmittelbaren Vermittelung des Gedankens.

§. 305.

Diese religiöse Empfänglichkeit, in welcher der Mensch nicht in seinen vereinzelten Kräften, sondern in der Totalität seiner gesammten geistigen Organe in Anspruch genommen wird, ist die nothwendige Voraussetzung für den Kultus, in

Beziehung auf welche der heilige Geist als das selbstthätige Princip erscheint.

§. 306.

Da aber diese religiöse Empfänglichkeit zugleich in der unendlichen Vielheit der zeitlichen Momente überhaupt sich entwickelt, und da die fromme Betrachtung alle diese Momente mit dem Inhalte des göttlichen Lebens zusammen schließen will, so daß das Gottesbewußtsein die alles durchdringende und heiligende Kraft wird, so wird deswegen in der Betrachtung alles Innere und Unmittelbare zugleich ein Moment des vermittelnden Gedankens, eben nach jener höchsten Einheit des Gottesbewußtseins hin.

§. 307.

In der frommen Betrachtung ist daher die Bewegung des religiösen Inhalts an die ihr selbst gleiche Bewegung des Gedankens gebunden; das Element des Gedankens ist aber hier und auf diesem Gebiete nicht die formelle Verstandesthätigkeit einer bloß abstrakten Vermittelung, sondern es ist der religiöse Gedanke, der das ganze innere religiöse Leben als Inhalt an sich selbst hat.

§. 308.

Es ist der Gedanke, der mit Nothwendigkeit als religiöses Leben sich entfaltet; aber in jedem Momente, wo er zugleich die Momente des zeitlichen Bewußtseins in die Einheit des Gottesbewußtseins erhebt, ist er der das Göttliche mit dem Menschlichen vermittelnde Gedanke.

§. 309.

Als solcher vermittelnde Gedanke, wie er seinen göttlichen Inhalt des religiösen Lebens an sich selbst hat, ist er zugleich die Bewegung nach außen hin, d. i. die Manifestation in der Rede; als solcher entfaltet er sich, wie nach seinem Inhalte so nach seiner Form, zur bestimmten und gesetzmäßigen Ein=

heit desjenigen Elements im Kultus, welches nicht mehr die Rede im Allgemeinen, sondern die Predigt im bestimmten Sinne heißt.

§. 310.

Gründet sich dieser Gedanke auch auf die unmittelbarste Subjektivität des Menschen, nämlich auf sein religiöses Selbstbewußtsein, so stellt er sich doch in der immanenten Bewegung seines eignen Inhalts zugleich dar in der reinsten Objektivität; es ist nicht der spekulative Gedanke, der die Objektivität im Begriff sucht, sondern es ist der religiöse Gedanke, der die Objektivität des religiösen Inhalts an sich selbst hat, und durch keine subjektive Reflexion auf die bestimmte Sphäre eines Gefühlsinhalts sich einschränken läßt.

§. 311.

Das Element des christlich religiösen Lebens manifestirt sich im Gebet eben so sehr als unmittelbarer Gefühlsinhalt in der Identität des Gedankens und des bewegten Willens.

§. 312.

Auch im Gebet ist die religiöse Lebendigkeit niemals nur an diese oder jene Vereinzelung der Seelenkräfte gebunden, sondern es ist die Totalität dieser Kräfte, auf welcher jene Lebendigkeit beruht, und in welcher die Kraft des heiligen Geistes sich erweiset.

§. 313.

Aber die religiöse Lebendigkeit ist im Gebet nicht mehr an die Vielheit der zeitlichen Momente so gebunden, daß sie hier noch einer Vermittelung durch das Element des Gedankens bedürfte; vielmehr ist sie die höchste Intensität des religiösen Selbstbewußtseins, in welchem der Gedanke seine Vermittelung vollbracht hat, und übergegangen ist in das unmittelbare Gefühl der Andacht.

§. 314.

Im Gebet ist demnach die noch bewegliche Vielheit des zeitlichen Lebens untergegangen in dem Momente des empfangenen göttlichen Lebens; und wie die fromme Betrachtung in der Einheit zugleich begriffen ist in der Richtung auf die Vielheit, so hat sich im Gebet die Vielheit zusammengeschlossen in einem und- demselben beharrlichen Momente des unmittelbar göttlichen Lebens.

§. 315.

Setzt sich der so erfüllte Inhalt dieses göttlichen Lebens bis zur Manifestation fort, so ist die Vermittelung desselben allerdings auch hier an den Gedanken und an dessen Darstellung durch das Wort gebunden, aber der Gedanke und das Wort sind hier nicht mehr in der freien Beweglichkeit, wie sie es als Vermittelungsformen der Predigt sind.

§. 316.

Da der Inhalt des göttlichen Lebens auf der Erkenntniß der Schrift und ihrer wissenschaftlichen Erklärung beruht, und da die Vermittelung dieses Inhalts, zugleich eine Kunstfertigkeit des Gedankens und der Rede ist, so zeigt sich in der Predigt überwiegend auch die Selbstthätigkeit des Geistlichen.

§. 317.

Da das Gedankenleben der Einzelnen auch in Beziehung auf den religiösen Inhalt sich individuell gestaltet, so zeigt sich in dieser Selbstthätigkeit des Geistlichen immer zugleich die Individualität seines geistigen Lebens überhaupt, und seine Freiheit, in welcher er es producirt.

§. 318.

Die Selbstthätigkeit des Geistlichen hat aber in der Predigt ihre nothwendige Voraussetzung an der Empfänglichkeit der Gemeinde; er kann und darf nie ohne diese erkannte religiöse Empfänglichkeit der Gemeinde produktiv in der Predigt werden.

§. 319.

Mithin ist die religiöse Lebendigkeit und Empfänglichkeit der Gemeinde der lebendige Anfangspunkt seiner Produktion, und seine Selbstthätigkeit bestimmt sich nach dieser.

§. 320.

Wie in dieser Lebendigkeit und Empfänglichkeit die Gemeinde die religiöse ist, so ist sie auch die religiöse Gemeinde in der Selbstthätigkeit durch die Aneignung der Predigt.

§. 321.

Diese Empfänglichkeit und Selbstthätigkeit der Gemeinde ist keine willkürliche oder zufällige, sondern eine in der Erbauung des Kultus durch den heiligen Geist gewordene, so wie eine in dem ganzen Lehrtypus der Kirchengemeinschaft bestimmte.

§. 322.

Diese gewordene und bestimmte Empfänglichkeit und Selbstthätigkeit der Gemeinde muß der Geistliche als dasjenige ansehen, worin seine eigne religiöse Lebendigkeit bis zur Thätigkeit im Kultus sich steigert, und wodurch verhütet wird, daß seine Individualität und Freiheit nicht in Willkür ausarte.

§. 323.

Daß der Geistliche nun selbstthätig werden kann in der Empfänglichkeit und Selbstthätigkeit der Gemeinde, oder in ihrer religiösen Lebendigkeit überhaupt, hat seine Wahrheit in der gemeinsamen Erfahrung des religiösen Lebens, ohne welche keine Thätigkeit im Kultus denkbar ist.

§. 324.

Daß der Geistliche zugleich individuell und frei in der Thätigkeit der religiösen Rede erscheint, hat seine Wahrheit in der eigenthümlich organisirten menschlichen Natur, innerhalb welcher und durch welche alle Vermittelung geistiger Elemente vollbracht wird.

§. 325.

Das Eigenthümliche oder Individuelle wird sich in der religiösen Thätigkeit jedoch am meisten nur zeigen in der Form der Vermittelung; in Beziehung auf den religiösen Inhalt bleibt es dieselbe gemeinsame Erfahrung, auch wenn sie auf eigenthümliche Weise ihren Inhalt manifestirt.

§. 326.

Da die Predigt den religiösen Inhalt an der gemeinsamen Erfahrung mit eigenthümlich formbildender Thätigkeit entwickelt, und da sie dies nur vermag durch die unmittelbare Wahrnehmung des religiösen Lebens, so wird die Form ihrer Rede die poetische Prosa.

§. 327.

Das prosaische Element der Predigt zeigt sich darin, daß sie ein nach höhern Gesetzen aus der Einheit in die Vielheit übergehendes, und aus der Vielheit in die Einheit zurückkehrendes Element darzustellen hat, was durch die gebundene Rede nicht geschehen kann.

§. 328.

Das poetische Element der Predigt zeigt sich darin, daß der Inhalt des religiösen Elements ein durch die Erfahrung in der unmittelbaren religiösen Wahrnehmung vermittelter ist, daß also sein Ausdruck nicht der des allgemein gefundenen Begriffs, sondern des konkreten und besondern Urtheils ist.

§. 329.

In der Identität von beiden, dem prosaischen und poetischen Elemente, zeigt sich das wahrhaft Künstlerische in der Predigt.

§. 330.

In dem Gebete, wo sich die Vielheit des zeitlichen Moments im Selbstbewußtsein mit dem Inhalt des religiösen Lebens zusammengeschlossen hat, kann der Gegensatz von Selbstthätigkeit des Geistlichen, und Empfänglichkeit der Gemeinde auf gleiche Weise nicht hervortreten wie in der Predigt.

§. 331.

Im Moment des Gebets hat die Gemeinde das Zeitliche ihres Bewußtseins mit Selbstthätigkeit in das Gottesbewußtsein aufgenommen, und die Gemeinde bedarf betend keiner andern Vermittelung, als der Darstellung ihrer gemeinsamen Erhebung zu Gott.

§. 332.

In dieser gemeinsamen Erhebung zu Gott ist der sonst den religiösen Inhalt des Selbstbewußtseins vermittelnde Gedanke zur Andacht der Gemeinde geworden, in dieser Andacht erkennt die Gemeinde ihre höheren Lebensbedürfnisse im Reiche Gottes, und auch die Befriedigung derselben, wie sie durch Gott kommt. Der Inhalt des religiösen Gebets im Kultus ist also ein in allen zugleich vermittelter und gewordener.

§. 333.

Daraus folgt, daß die Freiheit des Geistlichen in seiner Selbstthätigkeit hier in der Selbstthätigkeit der Gemeinde untergeht, und daß er selbst in gleicher Andacht der Gemeinde dieselbe als die betende Gemeinde Gott darzustellen hat.

§. 334.

Im Gebet ist die einzelne Gemeinde immer zugleich in der wahrhaften und unveränderlichen Identität aller Gemeinden derselben Kirchengemeinschaft, indem auf gleiche Weise allen Gemeinden derselbe Inhalt des Gebets entsteht.

§. 335.

In dieser größern Gemeinschaft nehmen alle Gebete eine und dieselbe Richtung auf das Reich Gottes, und hierdurch bekommt das Gebet im Kultus die Natur des allgemeinen Gebets.

§. 336.

Daß der Inhalt der Gebete ein im Element des Gedankens schon vermittelter ist, beruht auf dem gemeinsamen Ausdruck des Glaubens, den jede Kirchengemeinschaft in ihrem Lehrbegriff hat.

§. 337.

Durch den kirchlichen Lehrbegriff, wie er als Glaubensbekenntniß die Vermittelung des religiösen Inhalts für die Gemeinde ist, wird auch der Ausdruck des Kirchengebets so wie sein Inhalt, im religiösen Element des Gedankens, ein gemeinsamer und bestimmter.

§. 338.

Aus §. 330 — 337 folgt, daß der Geistliche in Beziehung auf das Gebet im Kultus der Gemeinde sich unterzuordnen hat, und daß er Kirchengebete nicht willkürlich entwerfen kann, sondern daß dieselben als öffentliche Gebete im Kultus vom Kirchenregimente ausgehen.

§. 339.

Im eigentlichen Kirchengebete ist es demnach das Kirchenregiment, welches, nach der Einheit des kirchlichen Lehrbegriffs und im religiösen Geiste der Kirchengemeinschaft, die Gebete für die Gemeinde nach Inhalt und Form entwirft, und der Geistliche vertritt im Namen der Kirche betend nur die lokale Thätigkeit des Kirchenregiments.

§. 340.

Da der Inhalt der Kirchengebete nur am Inhalt des Lehrbegriffs sich entwickeln kann, und er in diesem durch die

Vermittelung des Begriffs schon fest geworden ist, so hat das Kirchengebet zu seiner Form die Prosa, die sich der wissenschaftlichen Formel nährt.

§. 341.

Aber indem die Form des Kirchengebets in der Identität mit seinem Inhalt, dennoch immer zurückgehen muß auf eine Allgemeinheit, die nicht durch den Begriff, sondern durch die religiöse Erfahrung geworden ist, so unterscheidet sich dieselbe von der rein wissenschaftlichen Form doch darin, daß sie das Poetische nicht ausschließt, sondern zugleich, aber auf andere Weise als in der Predigt, in sich enthält.

§. 342.

Die richtige Art, wie das Element der Formel mit dem Elemente des Poetischen im Gebet identisch wird, ist das wahrhaft Künstlerische in dieser Gattung der religiösen Darstellung.

§. 343.

Das Kirchengebet in diesem Sinne, wie es seinen Inhalt an dem Lehrbegriff der Kirchengemeinschaft entwickelt; wie es ein vom Kirchenregiment vorgeschriebenes ist; und wie in demselben die Selbstthätigkeit des Geistlichen in das religiöse Leben der Gemeinde so übergeht, daß er nur im Namen der Kirche der Darstellende eines gemeinsamen und schon gegebenen religiösen Inhalts ist, dieses Gebet ist dasjenige Element des Kultus, welches man im engern Sinne und mit Recht das liturgische nennt.

§. 344.

Es wird sich aber auch in der Natur des Kirchengebets von selbst der Unterschied herausstellen, daß an den verschiedenen Oertern und Zeitmomenten des Kultus das Gebet das überwiegend Liturgische sein, und wiederum auch mehr an die freie Produktion der Predigt sich anschließen kann.

§. 345.

Im letztern Falle darf das gemeinsame Gebet zwar niemals den Charakter des Kirchengebets verlieren, aber es wird sich seiner Natur nach mehr an die Vermittelung des Gedankens anschließen, welche in der Predigt schon hervorgetreten ist.

§. 346.

Je mehr das Kirchengebet in die unmittelbare Nähe der Predigt tritt, desto mehr modificirt es sich nach dem eigenthümlichen Charakter der Predigt, und in einer je größern Entfernung es im Kultus von der Predigt zu stehen kommt, desto selbstständiger tritt es als das liturgische Gebet im Kultus hervor.

§. 347.

Wenn man das Wesen der Predigt in die Belehrung setzt und das didaktische Element zum eigenthümlichen Kennzeichen desselben macht, so ist doch dabei genau zu erörtern, was man unter der religiösen Belehrung oder dem religiös didaktischen Element zu verstehen habe.

§. 348.

Versteht man darunter die Entwickelung der christlichen Religionswahrheiten, wie sie auf dem Wege abstrakter Verstandesthätigkeit von jedem angelernt werden müssen, so sinkt die Predigt zu dem gewöhnlichen Geschäft der Belehrung und und Erlernung herab.

§. 349.

Alle Religionswahrheiten, die allerdings nicht ohne Verstand, aber auch nicht von dem abstrakten Verstande angeeignet werden können, beruhen auf der einen Seite auf einer religiösen Empfänglichkeit in uns selbst, und auf der andern Seite auf einer Thätigkeit des göttlichen Geistes in uns, die innerlich erfahren sein will.

§. 350.

Geschieht die Vermittelung von beiden in der Predigt durch das Element des religiösen Gedankens, so ist allerdings in diesem Sinne die Predigt Lehre, aber eine Lehre, die ihren göttlichen Inhalt in sich selbst hat, und welche in der Bewegung des Gedankens nur die Offenbarung dieses ihres innern Lebens wird.

§. 351.

Die Predigt ist demnach die fortgesetzte Offenbarung des christlichen Glaubens, und hat darin ihr eigenthümliches Wesen, daß die Einzelnen in der Gemeinde sich in der Mittheilung und Aneignung des Glaubens erbauen zu der Gemeinde Gottes.

§. 352.

Der Glaube kommt in der Predigt in der unendlichen Mannigfaltigkeit des zeitlichen Bewußtseins zur Erscheinung, und wird so ununterbrochen die mitgetheilte religiöse Lebenskraft, durch welche alle Momente des zeitlichen Lebens in die Einheit des Reiches Gottes aufgenommen werden.

§. 353.

Grade darin, daß die Vermittelung dieses Glaubens durch den Gedanken in die Freiheit und Individualität des Geistlichen mit hineingesetzt erscheint, ist zugleich die Möglichkeit gesetzt, daß alle eigenthümlich sich entwickelnden Lebenselemente mit in die höchsten Kräfte des religiösen Lebens hineingezogen, und von ihnen durchdrungen werden.

§. 354.

Wäre diese Freiheit in eigenthümlicher Vermittelung nicht gesetzt, sondern der Inhalt der Predigt in dem Lehrtypus so unbeweglich gemacht, daß alle eigenthümliche und freie Entfaltung daraus verschwinden müßte, dann wäre die Predigt ihrer höchsten Wirksamkeit beraubt, nämlich die auf allen

Punkten gleichmäßige Entwickelung alles Lebens auf die eine Grund- und Lebenskraft des Glaubens zurückzuführen.

§. 355.

Daß so in der Form der Predigt und in ihr die Beziehung des religiösen Gedankens auf die Mannigfaltigkeit des Lebens, das bewegliche Element in der Freiheit zugleich mitgesetzt erscheint, gehört nothwendig mit zum Princip und Charakter der evangelischen Predigt; es folgt daraus aber keinesweges, daß der Geistliche in der Predigt sich der Willkür überlassen darf, vielmehr da die Grenzen seiner Freiheit in der religiösen Empfänglichkeit und Selbstthätigkeit der Gemeinde ihm bestimmt sind, so ist seine Freiheit in der Nothwendigkeit aufgegangen, und darin erst seine wahre Freiheit geworden.

§. 356.

Ist das liturgische Element überwiegend das Feststehende und Unbewegliche, so schließt es doch das Bewegliche eben so wenig ganz aus, als die Predigt das feste und unbewegliche Element.

§. 357.

Wie nämlich der Lehrbegriff durch die fortgesetzte wissenschaftliche Thätigkeit sich erweitern, und neue Elemente tieferer Begründung der religiösen Wahrheit in sich aufnehmen kann; und wie andrer Seits alles, was Form ist, an der unausgesetzten Gedankenentwickelung sich modificirt, so ist in beiden auch die Möglichkeit gesetzt, daß sich das an ihm entwickelnde, liturgische Element so wohl in Angemessenheit seines Inhalts als seiner Form erweitern und verändern kann.

§. 358.

Diese Modifikationen des liturgischen Elements sind aber natürlich mehr an die Epochen der geschichtlichen Entwickelung der Kirchengemeinschaft gebunden, und können auch immer nur von der kirchenregimentlichen Thätigkeit selbst ausgehen.

§. 359.

Ist in der Predigt der Geistliche überwiegend selbstthätig, und ist es ebenfalls der Geistliche, der im Kultus als Liturge die Gebete der Gemeinde Gott darbringt, so ist auch in der Predigt wie im Gebete die Gemeinde gleichfalls in ihrer höchsten religiösen Thätigkeit, aber sie hat diese ihre Thätigkeit noch nicht manifestirt durch ihre eigne darstellende Selbstthätigkeit im Kultus.

§. 360.

Da der Begriff des Kultus die Offenbarung des religiösen Selbstbewußtseins ist, so ist das noch kein vollständiger Kultus, wo jene Offenbarung nur an die Selbstthätigkeit der Einzelnen gebunden ist; vollständig wird der Kultus erst dadurch, daß der ganze Inhalt des religiösen Selbstbewußtseins auch von der Gemeinde, in welcher er gleich sehr innerlich und gegenwärtig ist, dargestellt werde.

§. 361.

Soll dieser Inhalt des religiösen Selbstbewußtseins von der ganzen Gemeinde dargestellt werden, so muß seine Vermittelung durch den Gedanken schon vollbracht, und die Form der Darstellung muß so beschaffen sein, daß sie eine gemeinsame für alle werden kann.

§. 362.

Der religiöse Gesang ist es, in welchem durch die ihm zum Grunde liegende Poesie der religiöse Inhalt durch den Gedanken bereits vermittelt ist, und im Element des Tons eine gemeinsame Darstellung werden kann.

§. 363.

Die religiöse Poesie, wie sie dem Kirchengesange zum Grunde liegt, hat zu ihrem Inhalte dasselbe religiöse Element wie die Predigt und das Gebet, aber die Darstellung und

Vermittelung im Gedanken erfolgt hier nicht auf gleiche Weise wie in jenen beiden.

§. 364.

Die Predigt ist die Entwickelung eines christlichen Inhalts von einer bestimmten Einheit aus, und hierin ist ihr Element die freie Rede; die religiöse Poesie stellt den religiösen Inhalt immer schon so dar, wie er in der gemeinsamen Erfahrung als Vielheit mit der Einheit des Gottesbewußtseins sich zusammengeschlossen hat.

§. 365.

In dieser Darstellung ist die religiöse Poesie nicht mehr an die werdende, vielmehr schon an die gewordene Erfahrung gebunden, und in dieser Eigenthümlichkeit, so wie auf die Dichtung des Gesanges hin, der seiner Natur nach an ein bestimmtes Zeitmaaß gebunden ist, wird sie selbst die gebundene Rede.

§. 366.

Das Kirchengebet ist die Darstellung eines christlich religiösen Inhalts, wie derselbe, ein durch den christlichen Lehrbegriff schon gewordener, das Gepräge zu der Allgemeinheit an sich trägt; die religiöse Poesie hat zu ihrem Inhalte zwar auch den religiösen Inhalt der kirchlichen Gemeinschaft, aber sie producirt diesen Inhalt der gemeinsamen Erfahrung zugleich in individueller Freiheit.

§. 367.

Die religiöse Poesie vereiniget das individuelle und das allgemeine Element, und schließt den Inhalt der Predigt und des Gebets in einer solchen Form zusammen, daß beides, individuelle und gemeinsame Erfahrung, in einander übergehen, und eben hierdurch wird sie die Vermittelung des gesammten religiösen Inhalts für den Gesang der Gemeinde.

§. 368.

In dem musikalischen Elemente des Gesanges kommt der religiöse Inhalt des christlichen Selbstbewußtseins unter der Form des Empfindungslebens zur Darstellung.

§. 369.

Das Empfindungsleben ist die unmittelbarste Gefühlsvermittelung alles religiösen Inhalts, und darin auch der gemeinsame Punkt, auf welchem alle in einer und derselben religiösen Lebendigkeit sich ergriffen fühlen.

§. 370.

Das Empfindungsleben in solcher Unmittelbarkeit und allgemeinen Anregung und Gefühlsbelebung ist im Kultus selbst schon das höchste geistige Leben der Religion, wie es zugleich alle Seelenkräfte durch das religiöse Element belebt und in Bewegung setzt.

§. 371.

Die Töne werden in der melodischen Einheit und harmonischen Vielheit der Ausdruck dieses Empfindungslebens; und die singende Gemeinde offenbart in Selbstthätigkeit ihr eignes und einiges religiöses Leben.

§. 372.

Wie die Gemeinde betend sich Gott schon dargestellt hat, oder noch dargestellt werden soll, und wie sie in der Predigt, in ihrem religiösen Leben sich schon ergriffen hat oder noch ergreifen soll; dieses ihr im Kultus werdendes oder schon gewordenes religiöses Leben hat sie unmittelbar in ihrem religiösen Gefühl gegenwärtig, und bringt es im Gesange so in dieser Unmittelbarkeit zur Darstellung.

§. 373.

Darin, daß alle in dieser Unmittelbarkeit des religiösen Gefühlslebens aufgehen, und darin, daß die Identität der Melodie und Harmonie der Töne das religiöse Leben, wie geistig schon vermittelt, nun auch in der Form des allgemeinen Empfindungslebens zur Darstellung bringt, hat der Gesang sein erhebendes Element.

§. 374.

Seinem Inhalte nach ist der Gesang gebunden an die religiöse Poesie, und wie diese in der Richtung auf den Gesang zugleich entsteht, so auch entsteht umgekehrt der Kirchengesang in der Richtung auf die Poesie.

§. 375.

Beide aber begrenzen sich als Kunstformen in einer eigenthümlichen Gattung des Kirchenstyls. Die religiöse Poesie kann nur einen einfach und langsam sich bewegenden Rhythmus haben, und die Melodie des Kirchengesanges kann nur in nahe an einander liegenden Intervallen der Töne zur Einheit sich zusammenschließen.

§. 376.

Diesen Charakter des Kirchengesanges hat der Choral, und das Künstlerische, sowohl seiner musikalischen Komposition als auch seiner Poesie, zeigt sich in jener, daß sie in der melodischen Einheit und harmonischen Vielheit in Angemessenheit zu ihrem religiösen Inhalt sich fortbewegt, und in dieser, daß sie das Allgemeine und Individuelle der religiösen Erfahrung so zur Darstellung in der poetischen Form bringt, daß es von allen gemeinsam angeeignet werden kann.

§. 377.

Beide, die musikalische Komposition und die religiöse Dichtung, können im Kultus nur erscheinen, wenn sie alles das streng beobachten, was zur Keuschheit und Einfachheit des religiösen Styls überhaupt gehört.

§. 378.

Die Produktion der religiösen Poesie und musikalischen

Komposition fällt nothwendig als ein für die Gemeinde schon Gewordenes außerhalb des Kultus.

§. 379.

Weil die Gemeinde überhaupt nicht künstlerisch produciren kann, ihre Selbstthätigkeit im Kultus aber auf kunstgemäße Weise erfolgen muß, so kann sich das kunstgemäße Element in der Gemeinde nur zeigen in der Nachproduktion schon fertiger Kunstformen.

§. 380.

Weil der religiöse Dichter sowohl als der religiöse Komponist in ihrer Produktion auf die Nachproduktion der Gemeinde nothwendig Rücksicht nehmen müssen, so ist die Vollendung des religiösen Kirchengesanges nicht in die Produktion des Künstlers gesetzt, sondern zur Vollkommenheit des religiösen Kunstwerks erhebt sich die Produktion des Künstlers erst in der Nachproduktion der Gemeinde.

§. 381.

Je mehr der religiöse Künstler über seiner Produktion zugleich in der Nachproduktion der Gemeinde versirt, desto vollendeter wird sein Kunstwerk nach Form und Inhalt.

§. 382.

Auf dem allgemeinen Gebiete der Kunst hat jede Nachproduktion einen geringern Werth als die ursprüngliche Produktion, weil hier die künstlerische Thätigkeit rein an das individuell schöpferische Leben des Künstlers gebunden ist; in der religiösen Kunstthätigkeit, durch welche der Gesang im Kultus zur gemeinsamen Darstellung kommt, hat die Nachproduktion denselben Werth als die Produktion, indem hier alles gebunden erscheint an den Inhalt des religiösen Lebens, welcher in seiner ganzen Fülle nur in und durch die Gemeinde sich offenbaren kann.

§. 383.

Die Predigt und das Gebet sind zwar beide auch schon an eine Produktion außerhalb des Kultus gebunden, aber ihre Produktion steht doch in einem weit unmittelbarern Verhältniß zum Kultus, als die Kunstproduktion des religiösen Kirchengesanges.

§. 384.

Producirt der religiöse Dichter und der religiöse Komponist auch nicht im Kultus, so können ihre Produktionen doch immer nur aus der lebendigen Theilnahme am Kultus herkommen.

§. 385.

Auf diese Weise hat auch die religiöse Poesie und Komposition ihren Ursprung dennoch im Kultus, und nur solche Kirchenlieder und Kompositionen können in den allgemeinen Kirchengebrauch übergehen, in denen sich dieser ihr Ursprung auf das bestimmteste nachweisen läßt.

§. 386.

Obwohl der Kirchengesang seinem Wesen nach auf der allgemeinen religiösen Erfahrung beruht, so schließt er doch auch die individuell religiöse Erfahrung des Dichters nicht aus.

§. 387.

Je nachdem die Poesie im Kirchengesange entweder mehr von der individuellen Erfahrung des religiösen Dichters ausgegangen, oder in die allgemeine Erfahrung der Kirchengemeinschaft aufgegangen ist, desto mehr wird das Kirchenlied in jenem Falle sich an die Predigt, in diesem Falle sich an das liturgische Gebet anschließen.

§. 388.

Wenn der religiöse Dichter überwiegend in der individuellen Erfahrung producirt, so versirt er auch zugleich in der gemeinsamen Erfahrung, aber seine Produktion bewegt sich freier, und seine Darstellung gestaltet sich eigenthümlicher. In dieser freiern Produktion und eigenthümlichen Darstellung liegt die Annäherung dieser Kirchenlieder an das Element der Predigt.

§. 389.

Wenn der religiöse Dichter überwiegend in der gemeinsamen Erfahrung producirt, so hält er sich auch überwiegend an das im kirchlichen Lehrbegriff bestimmt ausgeprägte, religiöse Element; seine Produktion bleibt in diesem Element gebunden, und seine Darstellung wird fester, der wissenschaftlichen Formel sich nähernder Ausdruck. Und in dieser gebundenen Produktion schließt sich das Kirchenlied mehr dem liturgischen Gebet an.

§. 390.

Da das christlich fromme Selbstbewußtsein, wie es in seiner Manifestation und Offenbarung der Begriff des Kultus ist, seinen Inhalt an der Erlösungsthat findet, und da diese Thatsache zugleich als das geoffenbarte Wort Gottes in der Schrift enthalten ist, und durch die Schrift vermittelt wird, so muß, was als Inhalt der Predigt, des Gebets und des Gesanges im Kultus zur Erscheinung kommt, die nothwendige Beziehung auf die Schrift ausdrücken, d. i. schriftgemäß sein.

§. 391.

Elemente der Predigt, des Gebets und des Kirchengesanges, die dem Inhalte der Schrift nicht entsprechen, könnten auch im evangelischen Kultus nicht zur Darstellung kommen.

§. 392.

Daß demohnerachtet viele der Schrift nicht entsprechende Elemente im evangelischen Kultus erschienen sind und noch erscheinen, beruht darauf, daß in dieser Kirche der Subjektivität in der Auslegung der Schrift ein zu großer Umfang gelassen worden ist.

§. 393.

Diese subjektive, dem Geist der Kirche nicht immer adäquate Schriftauslegung hat die Gegensätze individueller Schriftanschauung schärfer einander gegenübergestellt, und in der größten Bewegung der verschiedenartigsten Elemente dem religiösen Leben selbst eine größere Lebendigkeit auf allen Punkten der Erkenntniß gegeben.

§. 394.

Erscheint so die evangelische Kirche in der Schriftauslegung in den Gegensätzen bloß subjektiver Erkenntnißweise, so gehört dies wesentlich mit zu ihrer Fortentwickelung; wogegen in der katholischen Kirche, wo die Schriftauslegung an die Auktorität der Kirche gebunden ist, in der Unbeweglichkeit auch die Erstarrung im religiösen Leben eintritt.

§. 395.

Ist in der evangelischen Kirche die wissenschaftliche Schrifterklärung ein durchaus freies und bewegliches Element, so ist doch der Schriftgebrauch im Kultus ein bestimmter und fester.

§. 396.

Diese Bestimmtheit und Festigkeit zeigt sich darin, daß hier in der Gemeinde durch den Geist in der Kirche, welcher der heilige Geist ist, der Inhalt der Schrift auf objektive Weise im religiösen Gedanken unmittelbarer belebt wird, und daß der Geistliche in der Erleuchtung des heiligen Geistes seine Subjektivität der Objektivität der Gemeinde unterordnet.

§. 397.

In diesem Geiste, der das Alles bewegende Princip im Kultus ist, hat die Vermittelung der Schrift ihren festen und nothwendigen, kirchlichen Typus, aber als lebendiger Geist in der Gemeinde wirkt er selbst, daß die Subjektivität in ihren unendlichen Formen in der reichsten Fülle sich entwickeln kann, und von seiner Alles bewegenden Kraft durchdrungen werde.

§. 398.

Das Kirchenregiment hat aber zu wachen, daß nicht die eitle und leere Form der Subjektivität in die Elemente des Kultus sich einschleiche, und das bereits feste Element der Schriftauslegung verdunkele, und das religiöse Leben der Gemeinde alterire.

§. 399.

Wenn so der Inhalt des christlich religiösen Selbstbewußtseins in der freien Produktion der Predigt, der Schrift gemäß, sich mit der unendlichen Vielheit des zeitlich bewegten Bewußtseins zusammenschließt; wenn ferner derselbe Inhalt des christlichen Selbstbewußtseins, wie er schon durch die Vermittelung des Gedankens mit jener Vielheit des zeitlichen Bewußtseins sich zusammengeschlossen hat, im liturgischen Element als dem festen und im kirchlichen Typus ausgeprägten zur Darstellung kommt; wenn endlich derselbe Inhalt auch im unmittelbaren religiösen Gefühlsleben, in seiner doch schon vermittelten Geistigkeit im Gesange, gemeinsamer Ausdruck wird, so scheint es, daß die Bestandtheile des Kultus in der Predigt, dem Gebete und Gesange sich vollkommen erschöpft haben, und daß für einen vierten Bestandtheil kein Raum mehr übrig gelassen ist.

§. 400.

Wenn in der Predigt der Ort festgestellt ist, wo die Selbstthätigkeit in der unendlichen Vermittelung des religiösen Lebens in der freien Produktion des Geistlichen hervortritt; wenn in dem Kirchengesange auch der Ort gefunden ist, wo die Selbstthätigkeit der Gemeinde in der Unmittelbarkeit des religiösen Lebens, sich manifestiren kann, und wenn endlich auch der Ort gefunden ist, wo Empfänglichkeit und Selbstthätigkeit des Geistlichen und der Gemeinde sich vollkommen indifferent verhalten, wie im Gebet, so scheint es, daß ein viertes nicht mehr gedacht werden kann, was für die Belebung dieser Formen, unter welchen der göttliche Geist auf die menschliche Natur einwirkt, zu jenen dreien im Kultus hinzugefügt werden könnte.

§. 401.

Alles, was im zeitlichen Bewußtsein als mit dem Gottesbewußtsein noch nicht vermittelt erscheint, kommt im evangelischen Kultus in diese Vermittelung, und wird ein Element des christlichen Lebens im Reiche Gottes durch die unausgesetzte freie Produktion der religiösen Rede.

§. 402.

Alles, was der Gemeinde als ein festes Element ihres religiösen Lebens schon geworden, und worin sie zugleich ihre Haltung als einzelne Gemeinde in der größern Kirchengemeinschaft hat, kommt durch das liturgische Element im Kultus zur Darstellung.

§. 403.

Und wiederum beruht auch die Predigt auf diesem schon fest gewordenen, religiösen Element der Gemeinde, und wird darin durch den heiligen Geist die wahre Erbauung der Gemeinde; und auch das Kirchengebet schließt alle noch beweglichen Elemente des religiösen Lebens in die höchste Einheit des Gottesbewußtseins ein, und in demselben eignen sich die Gläubigen alle göttlichen Gnadengaben zu ihrer Erbauung an.

§. 404.

Demnach hat der descendants religöse Inhalt des christlichen Selbstbewußtseins in diesen Kultusbestandtheilen, die Momente seiner Offenbarung auf die Weise gefunden, daß der Kultus in der That die fortgesetzte Offenbarung des christlich religiösen Elements, so wie die höchste Beseligung des Menschen in der Kraft des göttlichen Geistes ist.

§. 405.

In der Praxis der evangelischen Kirche findet sich jedoch als in das liturgische Element noch aufgenommen das Vorlesen bestimmter und nach der Idee des Kirchenjahres geordneter Abschnitte aus der heiligen Schrift.

§. 406.

Wenn man auf den frühsten Ursprung dieses Gebrauchs zurückgeht, so hat er denselben ohne Zweifel mit darin, daß das Bedürfniß allgemeiner Schrifterkenntniß gefühlt, aber wegen Mangel an Handschriften nicht befriedigt werden konnte.

§. 407.

Dieser Mangel wäre zwar jetzt durch die allgemeine Verbreitung der Bibelabdrücke gehoben; aber es lassen sich noch andere Gründe aufweisen, welche im Princip der evangelischen Kirche gegründet, das Vorlesen biblischer Abschnitte, in der Anordnung der evangelischen Altarliturgie, nothwendig machen.

§. 408.

Da jedes Element, das im evangelischen Kultus zur Darstellung kommt, seinen Inhalt nothwendig aus der Schrift entnimmt, und, in welcher Vermittelung der Darstellungsformen es sich ausdrücken mag, als ein schriftgemäßes sich ausdrücken muß, so scheint es, daß diese Beziehung aller Kultus-Elemente auf die Schrift sich darin ins Besondere ankündiget, daß das Vorlesen des unmittelbaren Schriftinhalts mit zu einem Akte des Kultus erhoben wird.

§. 409.

Da die Gemeinde den Inhalt der biblischen Abschnitte aus ihrer besondern, durch die Schule und häusliche Erbauung bewirkten Aneignung bereits in ihrem christlichen Bewußtsein hat, und da der Liturge im Vorlesen der biblischen Abschnitte nur das darstellt, was alle Einzelnen im lebendigen Verkehr mit der Schrift schon als ihr Eigenthum besitzen, so erhebt sich eben hierdurch dieses Element zu einem wahrhaft liturgischen, dessen höchster Werth darauf beruht, daß die Gemeinde den schon bewußten Inhalt in ihrem erhöhten und gemeinsamen religiösen Gefühl sich nach allen Richtungen ihrer christlichen Erfahrung hin aneignet, und daß sie dabei immer von dem Bewußtsein begleitet wird, wie aus der Schrift die Thatsachen der Erlösung in ihrer Reinheit und ursprünglichen Offenbarung dem frommen Selbstbewußtsein zugeführt werden.

§. 410.

Daß die Gemeinde inmitten des Kultus und in der Gemeinschaft den bewußten Inhalt der heiligen Schrift vernimmt, und mit ihrer christlichen Erfahrung die ewig reine Kraft des göttlichen Wortes zusammenschließt, darauf beruht der höhere liturgische Charakter, welchen das Vorlesen biblischer Abschnitte im Kultus an sich trägt; daß die Gemeinde dabei zugleich von jenem Bewußtsein begleitet wird, daß die Thatsachen der Erlösung und Heiligung nur durch die Schrift vermittelt werden, darin spricht sich das evangelische Element dieses Gebrauches aus.

§. 411.

Wenn alle Momente des christlich evangelischen Kultus in der zeitlichen Einheit eines Kirchenjahres sich zusammen schließen, und wenn diese Einheit in den Kultusbestandtheilen der Predigt, des Gebets und des Gesanges sich manifestiren muß, so muß sich diese Einheit auch manifestiren in dem Vorlesen biblischer Abschnitte.

§. 412.

Darin daß die vorzulesenden Bibelabschnitte nach der Idee des Kirchenjahres geordnet und gewählt sind, wird die Gemeinde in alle Hauptmomente des Erlösungswerkes, wie sie auf den bestimmten Punkten des Kirchenjahres hervortreten, hineingeführt, und nicht selten leitet das christliche Bewußtsein der Gemeinde, in Beziehung auf jene Einheit, das Vorlesen geordneter Bibelabschnitte richtiger, als die noch ungeregelte, in der christlichen Erfahrung nicht begründete Thätigkeit des angehenden Geistlichen.

§. 413.

Je mehr der Geistliche es selbst verstehen lernt, nach der Idee des Kirchenjahres und nach seinem nothwendigen Zusammenhange die Kultuselemente hervortreten zu lassen, desto mehr wird er es selbst für rathsam halten, daß das Vorlesen schon geordneter Bibelabschnitte ein wesentlicher Bestandtheil des Kultus für die Gemeinde und für ihn selbst geworden sei.

§. 414.

Die Ordnung, nach welcher jene Abschnitte, in Beziehung auf die Einheit des Kirchenjahres, im Kultus verlesen werden, und wie darin das geschichtliche und didaktische Element der Schrift zusammentreten, und sich gegenseitig ergänzen und zusammenschließen, ist bis jetzt noch von Keinem gründlicher und dem religiösen Bedürfniß der Gemeinde entsprechender entworfen worden, als sie von der Kirche selbst gegeben zum Gebrauch vorliegt.

§. 415.

Der Grund hiervon liegt zunächst allein nicht darin, daß der Einzelne, wenn er tüchtig ist, solche Kompositionen nicht zu machen vermöchte, sondern die Schwierigkeit und Unmöglichkeit solcher Perikopen-Sammlungen zeigt sich überwiegend darin, daß eben der Werth dieses Kultuselements darauf sich gründet, daß die Ordnung schon eine gewordene, und das Bewußtsein davon schon ein allgemeines ist.

§. 416.

Was als Tadel über die bisherige Ordnung der Perikopen von Einzelnen hervorgehoben worden ist, ist gar nicht in Anschlag zu bringen gegen den Werth der schon kirchlich gewordenen Ordnung; und das, was von Einzelnen für die Abänderung der Perikopen-Ordnung ist in Vorschlag gebracht worden, ist mit Recht als ein bloß subjektives Verfahren von der Kirche nicht in Gebrauch genommen worden.

§. 417.

Solche Ordnungen kirchlicher Perikopen, die ihrem Wesen nach zum liturgischen Element gehören, zu entwerfen, ist jedenfalls das Geschäft des Kirchenregiments; und alles, was von Einzelnen hierin ausgeht, kann nur als Anregung und Vorarbeit dazu betrachtet werden.

§. 418.

Daß zugleich die eine Reihe entweder der geschichtlichen oder der didaktischen Perikopen des laufenden Kirchenjahres zum Gegenstande der religiösen Betrachtung in der Predigt gemacht wird, ist geordnet, damit in der Predigt die geregelte Beziehung auf die Idee des Kirchenjahres bestimmt hervortrete.

§. 419.

Es folgt daraus aber nicht und liegt auch nicht in der Ordnung der evangelischen Kirche, daß nur über die Perikopen gepredigt werde, vielmehr ist das Vorlesen der Perikopen ein feststehendes Element der Altarliturgie, und die Predigt steht in keinem andern Zusammenhange mit demselben, als mit der Altarliturgie überhaupt.

§. 420.

Es liegt in der Freiheit des evangelischen Geistlichen, die biblischen Texte für seine religiösen Vorträge zu wählen, und es muß jedem evangelischen Geistlichen zugemuthet werden, auch einen Cyklus solcher Texte in Beziehung auf die Idee des Kirchenjahres in Ordnung und Zusammenhang zu stellen.

§. 421.

Je kürzere Zeit der Geistliche im Kultus thätig ist, desto mehr wird er sich an die bestehende Perikopen-Ordnung zu halten haben, je mehr er aber die Idee des Kultus erkannt, und je tüchtiger er in allen Elementen der Darstellung geworden ist, desto eher muß es ihm verstattet sein, die festgestellte Perikopen-Sammlung mit einem Jahrescyklus selbstgewählter Texte dann und wann zu vertauschen.

§. 422.

Nach §. 294 — 421 haben sich nun folgende elementarische Bestandtheile des evangelischen Kultus aus der Natur des christlich religiösen Selbstbewußtseins ergeben, nämlich 1) die Predigt, 2) das Gebet, 3) der Gesang und 4) das Vorlesen biblischer Abschnitte. Das Gebet und das Vorlesen biblischer Abschnitte gehören jedoch unter einen gemeinsamen Begriff des liturgischen Elements.

§. 423.

Außer den bis jetzt nachgewiesenen, organischen Bestandtheilen des evangelischen Kultus finden wir in demselben noch heilige Zeichen, wie das Händefalten beim Gebet, das Knieen, die Bezeichnung durch das Kreuz, und heilige Handlungen wie die Aspersion bei der Taufe, die Konsekration und Distribution beim Abendmahl. Es frägt sich, ob diese heiligen Zeichen und Handlungen als ein besonderes Element des Kultus für sich zu behandeln sind.

§. 424.

Die heiligen Zeichen, welche zunächst mit dem Mimischen, als dem leiblichen Ausdruck geistiger Bewegtheit, zusammen zu grenzen scheinen, haben doch ihren Unterschied von jenem noch darin, daß sie der leibliche Ausdruck für eine innere religiöse Bewegung sind, der nicht wie in der Predigt an die individuelle Lebendigkeit des Redners gebunden, sondern welcher in seiner absoluten Objektivität ein schon für das religiöse Selbstbewußtsein der Gemeinde vermittelter ist.

§. 425.

Als solche Zeichen und Handlungen eines im religiösen Gedanken für Alle vermittelten religiösen Inhalts, ist an ihnen die leiblich oder sinnlich vermittelte Form der Bewegung ganz untergegangen im wahrhaft geistigen Element eines allgemeinen religiösen Inhalts.

§. 426.

Als solche Zeichen und Handlungen leiblicher Vermittelung solches religiösen, in der allgemeinen Erfahrung bedeutsamen Inhalts sehen wir im Kultus das Knieen und Händefalten beim Gebet überwiegend auf Seiten der religiösen Receptivität der Gemeinde, und die Bezeichnung durch das Kreuz, so wie die heilige Handlung, auf Seiten der religiösen Spontaneität des Geistlichen.

§. 427.

Die heiligen Handlungen treten überdies im evangelischen Kultus ganz aus dem Begriff des Mimischen, der noch in der Subjektivität versirt, heraus, und sind nach der bedeutsamen Einfachheit als leibliche Vermittelungsformen objektiv in der kirchlichen Institution der Sakramente begrenzt.

§. 428.

In der evangelischen Kirche wird die Nothwendigkeit und religiöse Bedeutsamkeit symbolischer Zeichen und Handlungen nicht geläugnet; aber alle mimischen Bewegungen, symbolischen Zeichen und Handlungen, die an sich und in ihrem eignen Inhalte, als Darstellungsformen, in irgend einer erhöhten Wirksamkeit auf das Sinnliche und durch das Sinnliche, sich wollten geltend machen, werden im evangelischen Kultus verworfen.

§. 429.

Daher das Zeichen und die Handlung in der evangelischen Kirche nur an und in dem Worte sowohl ihre religiöse Wahrheit für das fromme Selbstbewußtsein, als auch ihren heiligen Gebrauch im Kultus finden.

§. 430.

Da das Wort, an welchem sie hervortreten, entweder das liturgische Gebet, oder die bestimmt gewordene kirchliche Formel ist, so fallen sie auch in ihrer wahren und höchsten Bedeutsamkeit ganz mit diesem liturgischen Elemente zusammen, und bilden keinen besondern Gegenstand einer theoretischen Betrachtung.

§. 431.

Wie nun in den bisherigen Untersuchungen die Einheit des religiösen Elements sich in eine bestimmte Mannigfaltigkeit religiöser Kunstformen zerlegt hat, so muß nun noch gezeigt werden, wie diese Mannigfaltigkeit im Organismus des Kultus sich wiederum zur Einheit zusammenschließt, und wie so in dieser Einheit alles Einzelne sein wahres Leben findet.

### b. Die Mannigfaltigkeit in der Einheit.

§. 432.

Weder die Ansichtsweise, nach welcher überwiegend nur auf den einen Bestandtheil des Kultus aller Werth gelegt wird, und die andern Bestandtheile nur als diesen begleitend erscheinen; noch auch die ihr entgegengesetzte Ansichtsweise, nach welcher ohne bestimmte Einheit jeder Bestandtheil des Kultus die religiösen Bedürfnisse nach den verschiedenen Kräften und Vermögen der Seele gleich sehr befriedigen soll, läßt sich mit einer wahrhaft lebendigen Anschauung des Kultus in irgend einen Zusammenhang bringen.

§. 433.

Die Einheit des Kultus vielmehr ist organischer Natur, d. i. ihre Vielheit besteht aus solchen Gliedern, die als integrirende und gleich wesentliche Theile die Einheit bilden; und eben so ist das Einzelne in der Vielheit organischer Natur, d. i. das Einzelne in der Vielheit trägt in sich eine eigenthümlich begrenzte und in sich selbst bestimmte Lebenseinheit.

§. 434.

Der Kultus ist hierin ein lebendiger Organismus, dessen Lebensprincip eben das ist, daß die Einheit, wie sie noch an sich ist, auch in die Vielheit übergeht, und daß sie, wie sie in der Vielheit das konkret erfüllte Leben geworden ist, nun in die wahrhafte Einheit des erfüllten Lebens zurückkehrt.

§. 435.

Dieses Princip ist kein subjektiv gefundenes oder willkürlich abstrahirtes, sondern es ist die lebendige Bewegung der religiösen Idee selbst, wie sie in dieser Bewegung in die Vielheit der menschlichen Natur hineintritt, und dann in dieser Vielheit zu sich selbst zurückkehrt.

§. 436.

Diese Einheit ist daher im Kultus immer auch schon die gewordene, aber zugleich noch die werdende, und jene Vielheit ist immer noch die werdende, aber zugleich auch schon die gewordene.

§. 437.

Das höchste Lebensprincip, das die Einheit des religiösen Selbstbewußtseins und die Vielheit der menschlichen Natur mit einander verbindet, identificirt und zusammenschließt, ist der heilige Geist in seiner unausgesetzten Wirksamkeit auf die Gemeinde.

§. 438.

Die Predigt, das Gebet und der Gesang haben als Glieder der Vielheit in Beziehung auf jene Einheit einen gleichen Werth, und nur in ihrem organischen Zusammenschließen kann sich die wahre Einheit im evangelischen Kultus manifestiren.

§. 439.

Ein Kultus nur im Gebet bestehend und ohne die Predigt wäre ein unvollkommner; denn es würde zwar die Gemeinde in ihrem gemeinsamen religiösen Zustande, oder in ihrer Andacht, in welcher sie ihr Gottesbewußtsein mit dem zeitlichen Bewußtsein zusammengeschlossen hat, sich Gott darstellen, aber jedem Einzelnen in der Gemeinde bliebe das unbefriedigte Gefühl und die Sehnsucht, nach irgend einer Richtung die Momente des zeitlichen Bewußtseins mit dem Gottesbewußtsein zusammenzuschließen.

§. 440.

Es würde zwar in der Gemeinde die gemeinsame christliche Erfahrung in der Aneignung der göttlichen Gnade durch das Gebet befriediget, aber die individuelle Erfahrung, in welcher jeder Einzelne in der Gemeinde zugleich durch die geistige Vermittelung des göttlichen Wortes und durch die in demselben mitgetheilte göttliche Kraft sich die dargebotene göttliche Gnade aneignen will, bliebe unbefriediget.

§. 441.

Ein Kultus nur in der Predigt bestehend und ohne Gebet wäre ein unvollkommner; denn es würde zwar jeder Einzelne in der Gemeinde nach irgend einer Richtung hin, durch die Vermittelung des Wortes, die Momente des zeitlichen Bewußtseins in das Gottesbewußtsein übergehen lassen, aber in allen Einzelnen bliebe das Bedürfniß unbefriedigt, sich in der Einheit ihres religiösen Lebens oder in ihrer Andacht

Gott darzustellen, und seine Gnadenwirkung im gemeinsamen Gebet zu erfahren.

§. 442.

Es würde in der Gemeinde jeder Einzelne seine individuelle Erfahrung, in welcher er durch die Kraft des göttlichen Wortes die göttliche Gnade sich aneignet, befriedigt finden, aber das Gefühl der gemeinsam christlichen Erfahrung, daß wir betend nur die göttlichen Gnadengaben empfangen, bliebe unbefriedigt.

§. 443.

Das Gebet ist demnach ein Anderes als die Predigt; aber im Kultus erhält es dadurch seinen Charakter als Kirchengebet, daß es zugleich in Beziehung auf die Vermittelung des göttlichen Wortes hervortritt, und daß jeder Einzelne, wie er in der gemeinsamen Erfahrung aller sich Gott dargestellt hat, nun in der individuellen Erfahrung durch die Aneignung des Wortes seine gemeinsame Erfahrung des Gebets auch in der Betrachtung wiederfindet.

§. 444.

Die Predigt ist demnach ein Anderes als das Gebet; aber die Predigt erhält ihre Haltung im Kultus erst dadurch, daß sie an die Andacht des Gebets sich anschließt, und daß die Gemeinde, was sie in der individuellen Erfahrung aus dem göttlichen Worte sich aneignet, in der allgemeinen Erfahrung sich Gott darstellend, schon empfangen hat oder noch empfängt.

§. 445.

Predigt und Gebet sind demnach organische Theile des Kultus, jeder für sich das religiöse Leben ganz enthaltend, aber beide in ihrer immanenten Lebendigkeit und Manifestation als untrennbar zusammengeschlossen in der Einheit des Kultus.

§. 446.

Ein Kultus auch bestehend in Gebet und Predigt, wäre ein unvollkommner; denn obwohl die Gemeinde thätig gewesen in der Aneignung des göttlichen Wortes durch die Predigt, und obwohl sie im Gebet des Liturgen sich Gott dargestellt hat, so ist sie doch nicht selbstthätig gewesen in der Vermittelung durch die Darstellungsformen des Kultus selbst.

§. 447.

Es bliebe in einem solchen Kultus ohne Gesang die Gemeinde ohne sich manifestirende Selbstthätigkeit; und es käme in diesem Mangel nicht zu der Wahrheit, daß der religiöse Moment in ihr ein wirklich lebendiger, und in dieser Lebendigkeit sich manifestirender ist.

§. 448.

In einem solchen Kultus ohne Gesang der Gemeinde würde der Predigt und dem Gebet die nothwendige Voraussetzung ermangeln, daß die Gemeinde in ihrer wirklichen religiösen Lebendigkeit und Selbstthätigkeit in der Aneignung beider begriffen ist.

§. 449.

Im Gesange der Gemeinde schließt sich Predigt und Gebet in der Form ihrer religiösen Selbstthätigkeit erst zusammen; und was in der Predigt als Gedanke und im Gebet als Andacht in Beziehung auf die Receptivität der Gemeinde erschien, wird im Gesange eine gemeinsame Aneignung in Beziehung auf ihre religiöse Selbstthätigkeit.

§. 450.

Die Predigt als den Hauptbestandtheil des evangelischen Kultus so zu betrachten, daß ihr Gebet und Gesang nur als Erweckungsmittel beigeordnet erscheinen, ist eine einseitige, dem Gottesdienste unwürdige Ansichtsweise.

§. 451.

Das Gebet soll, wo diese Unterordnung eintritt, vorzüglich dazu dienen, die Andacht für die Predigt zu erhöhen, und der Gesang soll eine erhöhte religiöse Stimmung für die Predigt hervorrufen. Wie von aller Wahrheit entblößt diese Ansichtsweise erscheint, darf nach dem Vorhergehenden nicht näher erörtert werden.

§. 452.

Es hat sich in Beziehung auf den Kultus auch die anthropologische Ansichtsweise geltend gemacht, nach welcher die Predigt überwiegend als Lehre den Verstand und Willen, das Gebet und der Gesang aber überwiegend das Gefühl beschäftigen sollen, und zwar das Gebet mehr nach Seiten des Verstandes und Willens, der Gesang mehr nach Seiten der Empfindung hin.

§. 453.

Ist im Kultus der Inhalt der Predigt an die Vermittelung und Bewegung des Gedankens gebunden, so ist es doch immer der Gedanke, wie er aus dem absoluten Inhalt des religiösen Lebens herkommt und zugleich in der Kraft dieses Inhalts nicht bloß den Verstand, sondern auch das Gefühl und den Willen in die Lebendigkeit des religiösen Lebens hineinversetzt.

§. 454.

Nennt man die Predigt, wegen dieser ihrer Bewegung im Element des Gedankens, das didaktische Element des Kultus, so ist sie dies doch nur in dem Sinne, daß ihr Inhalt nicht erst durch abstrakte Verstandesthätigkeit gesucht wird, sondern ihr Inhalt ist der Inhalt des unmittelbar religiösen Lebens, welcher, mit der Form des Gedankens sich zusammenschließend, zur Mittheilung kommt.

§. 455.

Stellt sich im Gebet die Gemeinde in dem tief gefühlten Zustande ihres religiösen Lebens dar, so ist sie in der Subjektivität dieses ihres religiösen Gefühls zugleich immer in der Objektivität des religiösen Gedankens, und erst in dieser gegenseitigen Durchdringung wird das Gebet die gemeinsame Andacht.

§. 456.

Da das Kirchengebet überdies seinen Inhalt im Element der Kirchenlehre schon vermittelt, und so zu einem gemeinsamen Inhalte für alle gemacht hat, so zeigt sich hierin, wie auch sein unmittelbarster Gefühlsinhalt im Element des Gedankens zugleich ein festgewordener und im Gedanken allgemein und nothwendig bestimmter ist.

§. 457.

Ist der Gesang der Gemeinde auch an die Darstellungsform des unmittelbaren Empfindungslebens gebunden, so ist es doch immer zugleich das religiöse Gefühl und der religiöse Gedanke in ihrer Identität, welche als Inhalt in jener Form enthalten sind.

§. 458.

Die Poesie spricht den religiösen Gefühlsinhalt in der Identität des Gedankens aus, und der Gesang verklärt die Wahrnehmung in der allgemeinen Empfindungsform, durch das religiöse Gefühl und durch den religiösen Gedanken, zur höchsten Geistigkeit des religiösen Lebens selbst.

§. 459.

Hieraus geht hinlänglich hervor, wie auf eine Verschiedenheit der Seelenkräfte die Differenz der Kultuselemente nicht basirt werden kann; wie vielmehr im Kultus, dessen Wesen die Mittheilung und Aneignung des religiösen Lebens ist, auch immer die menschliche Natur ganz, sowohl in ihrer Receptivität des unmittelbaren Empfindungs- und Gefühlslebens, wie in ihrer Spontaneität des Denkens und Wollens in Anspruch genommen wird.

§. 460.

Wird in diesen Elementen des Kultus der menschlichen Natur die in Christo erschienene Gnade offenbar, und eignet sich die menschliche Natur in diesen Elementen die göttliche Gnade an, so wird das Wesen des Kultus seinem höchsten Zwecke nach in die Erbauung gesetzt, welche ist das Wachsthum in der durch Christum erschienenen göttlichen Gnade.

§. 461.

Setzt man das Erbauliche wiederum nur in das eine oder andere Element, so verkennt man seinen wahren Begriff, und kommt zu keiner richtigen Anschauung des evangelischen Kultus.

§. 462.

Bewirkt der Kultus in der Einheit aller seiner Elemente die christliche Erbauung, so trägt auch jedes Element für sich das Erbauliche auf besondere und zugleich auf allgemeine Weise in sich.

§. 463.

Das Erbauliche in der Predigt zeigt sich darin, daß in ihr durch das göttliche Wort in der Vermittelung des Gedankens und in der Kraft des heiligen Geistes die Erweisungen der göttlichen Gnade in Christo dargestellt werden, und die Gemeinde dieselben so durch das lebendige Wort empfängt; die Predigt erbaut also durch die Erleuchtung, welche zugleich die Heiligung und Beseligung in sich schließt.

§. 464.

Das Erbauliche im Gebet zeigt sich darin, daß in demselben die Gemeinde in ihrem unmittelbar religiösen Gefühl der Andacht die göttlichen Gnadenerweisungen erfährt, das

Gebet erbaut demnach durch die Beseligung, welche zugleich die Erleuchtung und Heiligung in sich schließt.

§. 465.

Das Erbauliche im Gesange zeigt sich darin, daß in demselben die Gemeinde in eigner Selbstthätigkeit die göttlichen Gnadenerweisungen sich aneignet; und diese Aneignung beruht eben so sehr auf der Erleuchtung, als der Beseligung und Heiligung.

§. 466.

Bilden demnach die elementarischen Bestandtheile des Kultus eine wahrhaft organische Lebenseinheit, und gehen sie nur in ein Mannigfaltiges über, um sich desto inniger und lebendiger wiederum zur Einheit zusammen zu schließen, so ist denn auch die Konstruktion des Kultus als lebendige Einheit in der lebendigen Vielheit und umgekehrt gefunden und durchgeführt.

§. 467.

Allein es ist dies bisher nur auf solche Weise geschehen, daß immer dabei auf das Wesen des Kultus und seiner Formen im Allgemeinen hingewiesen worden ist; das Wesen des Kultus ist aber zugleich sein Dasein in der zeitlichen Einheit.

§. 468.

Das Wesen des Kultus und seiner Bestandtheile ist nur sein Sein an sich; das Wesen aber in seiner Wahrheit ist zugleich sein Dasein oder sein Sein in der Wirklichkeit; das Wesen des Kultus ist so in seiner Wirklichkeit seine Erscheinung.

§. 469.

Als Erscheinung tritt das Wesen des Kultus in die Zeit, oder vielmehr ist nur in der Zeit die wirkliche Erscheinung.

§. 470.

Mithin muß jene Einheit und Vielheit, wie beide nur in einander und durch einander ein organisches Ganze sind, auch in der Erscheinung nachgewiesen werden.

## Zweiter Abschnitt.

## Die Konstruktion des Kultus in seiner zeitlichen Einheit.

### Erstes Kapitel.

### Der vollständige Gottesdienst am Sonntage.

§. 471.

Wie alles Geistige obwohl an sich nicht das Zeitliche, dennoch nur in dem Nacheinander der Zeit in die Erscheinung treten kann, so auch die Manifestation und Offenbarung des absolut Geistigen, nämlich des religiösen Elements im Kultus.

§. 472.

Mit welchen Elementen die für den Kultus bestimmte Zeit sich so gesetzmäßig erfüllt, wie es der Idee und dem Begriff des christlich evangelischen Kultus entspricht, darüber hat die Praxis der evangelischen Kirche selbst richtig entschieden.

§. 473.

Das Element, welches in einem ununterbrochenen Zusammenhange die meiste Zeit des Kultus in Anspruch nimmt, ist seiner Natur nach die Predigt.

§. 474.

Die Predigt ist so, als die Vermittelung des religiösen Leben im religiösen Gedanken, auch in die Mitte der für den Kultus bestimmten Zeiteinheit hineingestellt, vor und nach ihr erscheinen das Gebet und der Gesang, und schließen sich als die gewordene mit der werdenden Vermittelung in der Predigt zum Ganzen des Kultus zusammen.

§. 475.

Je weiter das Gebet und der Gesang noch vor der Predigt erscheint, desto mehr nimmt beides im liturgischen Element den confessionellen und allgemeinen Charakter an, und je mehr beides der Predigt sich nähert, desto mehr versirt es auch im Charakter der individuellen Erfahrung in Bezug auf die Predigt.

§. 476.

Wie das Gebet und der Gesang vor und nach der Predigt, nach diesem allgemeinen und individuellen Charakter sich weiter zergliedern, und sich mit der Predigt zu dem Ganzen des Kultus zusammenschließen, das gehört in die besondern Theorieen dieser Bestandtheile.

§. 477.

Tritt so Gebet, Gesang und Predigt in der für den Kultus bestimmten Zeit zusammen, so ist dies der vollständige Gottesdienst, dessen periodisch wiederkehrende Zeiteinheit der Sonntag ist.

§. 478.

Das Zeitmaaß selbst für den vollständigen Gottesdienst, so wie seiner einzelnen Elemente, läßt sich nur nach einem Maximum und Minimum bestimmen; jemehr innerhalb dieser allgemeinen Bestimmung die Predigt, das Gebet, der Gesang nach Minuten gemessen würde, desto mehr würde dies die Freiheit dieser Elemente beeinträchtigen, und die organische und wahrhaft geistige Bewegung des Kultus zu einer mechanischen herabsetzen.

Zweites Kapitel.

## Der unvollständige Gottesdienst.

§. 479.

Es kann die Möglichkeit gedacht werden, daß Gebet und Gesang ohne die Predigt mit einander in einer bestimmten Zeiteinheit zum Gottesdienst verbunden werden, aber nach dem, was über die nothwendige Zusammengehörigkeit dieser drei Elemente gesagt worden ist, kann ein solcher Gottesdienst, der nur im Gebet und Gesang bestände, kein vollständiger sein.

§. 480.

Da der periodisch wiederkehrende Tag für den öffentlichen und vollständigen Gottesdienst der Sonntag ist, so kann jener unvollständige Gottesdienst sowohl an Wochentagen, oder auch nach dem Hauptgottesdienst am Sonntage als Früh- oder Nachmittags-Gottesdienst erscheinen.

§. 481.

Der Wochengottesdienst nähert sich überwiegend dem Privatgottesdienst in der Familie, und hat zum Grunde seiner Erscheinung, daß in größern Städten oft Familien und Einzelne ohne Störung ihren Hausgottesdienst nicht halten können, und dann zu demselben in der Kirche sich einstellen.

§. 482.

Der Wochengottesdienst hat darin seinen Vorzug, daß alle, die sich zu demselben einstellen, von einem Bedürfniß häuslicher Erbauung dazu getrieben werden; deswegen ist er überall, wo dieses Bedürfniß sich regt, und auf diese Weise befriediget sein will, anzuordnen.

§. 483.

Es ist schon wegen des besondern Bedürfnisses häuslicher Erbauung, so wie wegen des geringern Umfanges der Gemeinde, der Charakter des Wochengottesdienstes also bezeichnet, daß hier alle Elemente der Gebete und des Gesanges in Beziehung auf die eigenthümliche Erfahrung des Einzelnen hervortreten, und daß daher das streng liturgische Gebet an diesen Ort nicht gehört.

§. 484.

Es dürfen aber die Gebete und die Gesänge nicht immer dieselben sein, sondern sie müssen die Zustände des christlichen Selbstbewußtseins berücksichtigen, in welchen die betende und singende Gemeinde die Hülfe und den Beistand Gottes sich erflehen will.

§. 485.

Der Wochengottesdienst ist auf ein kleineres Zeitmaaß als der Hauptgottesdienst zurückzuführen; und auf seiner Einfachheit und Innigkeit, so wie auf der erbaulichen Darstellung, daß in dem Glauben an den Erlöser überall die göttliche Hülfe im Kampfe mit der Welt uns nahe ist, beruht seine Würde.

§. 486.

Auf dem Lande wird ein Wochengottesdienst anzuordnen um so weniger rathsam sein, je geringer die Anzahl der Bewohner und je weiter sie von einander wohnen. Dagegen wird jeder Seelsorger darauf in seiner speciellen Seelsorge zu sehen haben, daß in allen Familien ein häuslicher Gottesdienst in seinen natürlichen Elementen, des Gesanges, des Gebetes und des Vorlesens gewisser Abschnitte aus der heiligen Schrift, vorhanden sei.

§. 487.

Es können aber auch auf dem Lande in gewissen Zeiten des Krieges oder anderer Gefahren Fälle eintreten wo ein Wochengottesdienst für die Gemeinde etwas höchst Erwünschtes und Erbauliches sein wird.

§. 488.

Der unvollständige Gottesdienst vor und nach dem Hauptgottesdienste des Sonntags, darf in keinem Unterschiede zum Hauptgottesdienste hervortreten; vielmehr muß er in seinen Bestandtheilen dem Hauptgottesdienste ganz gleich geordnet, oder er muß am Sonntage ganz aufgehoben werden.

§. 489.

Die Bestandtheile des Kultus, der Predigt, des Gebetes und des Gesanges erscheinen in einem gewissen Zeitmaaß geordnet für die Gemeinschaft der Gläubigen, auch in solchen heiligen Zeitmomenten, wo die Gläubigen nach einem besondern heiligen Zweck und auf specielle Weise die Gnade Gottes sich aneignen wollen.

§. 490.

Hierher gehören: die heiligen Handlungen der Sakramente, die Konfirmation, die eheliche Einsegnung, das Begräbniß, die Ordination, die Installation, die Einsegnung der Wöchnerin, und die Weihung der für den Kultus zu brauchenden Gegenstände. Es frägt sich, in welchem Verhältniß diese kirchlichen Handlungen zum öffentlichen Kultus stehen, und auf welche eigenthümliche Weise dabei die Elemente des Kultus hervortreten.

§. 491.

Die Taufe und das Abendmahl sind sacramentale Handlungen, was aber als symbolische Handlung an ihnen sich herausstellt, haftet gar nicht mehr in der subjektiven Sphäre des individuell mimischen Elements, sondern ist ganz in der Objektivität die bestimmt symbolische Handlung des Liturgen geworden.

§. 492.

Als solcher liegt ihr der christliche Glaube im symbolischen Worte zum Grunde, und nur in dieser Identität mit dem Worte wird die Handlung die heilige, und zugleich die für alle verständliche und bedeutsame, wahrhaft sakramentale Handlung.

Drittes Kapitel.

## Der christlich religiöse Taufkultus.

§. 493.

Die Taufe wird nicht selten privatim außerhalb der Kirche vollzogen, und so das Sakrament in seiner Umgebung der übrigen Kultusbestandtheile als ein Familiengottesdienst betrachtet. Allein sowohl in dem höhern Sinne der Taufe, daß die Kinder der Kirche Jesu und darin dem Schutze des heiligen Geistes übergeben werden, als auch darin, daß hinfort die Kirche die Vermittlerin ihres christlich zu entwickelnden religiösen Lebens wird, liegt es ganz bestimmt, daß die Taufe als ein kirchlicher Akt in der Kirche zu vollziehen ist, und daß die Privattaufe im Hause nur als Ausnahme von der Regel zu betrachten sei.

§. 494.

Macht auch der Ort an sich die Handlung nicht heiliger, so tritt doch die kirchliche Bedeutung einer heiligen Handlung in der Kirche in demselben Grade mehr hervor, als sie an irgend einem andern Orte leicht zurücktreten kann.

§. 495.

Je mehr in der Familie der kirchliche Sinn vorherrschend ist, desto mehr wird das Taufen auch im Hause die Feier der kirchlichen Handlung an sich tragen, und die Erbauung dabei eine wahrhaft kirchliche sein; in diesem Falle ist gegen die Vollziehung der heiligen Taufhandlung in der Familie nichts einzuwenden.

§. 496.

Obwohl die Taufe in der Kirche zu vollziehen ist, so ist sie doch als keine Handlung innerhalb des Kultus anzusehen, denn sie beruht ihrem Wesen nach auf einer eigenthümlich abgeschlossenen Gemeinschaft.

§. 497.

Die Ansichtsweise, die Taufhandlung in das Element des Erbaulichen und Feierlichen auch für die ganze Gemeinde dadurch zu erheben, daß zu gewissen Zeiten eine große Anzahl der Kinder auf einmal an irgend einem Orte des öffentlichen Kultus vor der versammelten Gemeinde getauft werden, hat allerdings ihren Grund darin, daß die Gemeinde in einer besondern Anrede darauf hingewiesen werden könnte, wie ihr die Bewahrung der Kinder und ihre christliche Erziehung durch den heiligen Geist selbst anbefohlen werde.

§. 498.

Aber die Erinnerung an diese Bewahrung, welche sie allen Kindern schuldig ist, gehört zum Element der Predigt, und die Taufhandlung selbst gründet sich auf die engere kirchliche Gemeinschaft der Pathen, welche in ihrem Gebet die Gnadengaben des heiligen Geistes für das Kind erflehen, und welche an des Kindes Stelle den Glauben, auf welchen es getauft wird, bestätigen.

§. 499.

Das Wort unter welchem die Taufhandlung gefaßt erscheint, ist so das bestimmt gewordene liturgische Element, daß es an diesem Orte als die Formel des kirchlichen Glaubensbekenntnisses selbst erscheinen muß; und jede Abweichung hiervon darf das Kirchenregiment nicht dulden.

§. 500.

Auch das Gebet, welches dem Glaubensbekenntnisse vorangeht, und welches der Handlung mit dem Segensspruche verbunden folgt, ist das von der Kirche ausgehende und vorgeschriebene Gebet.

§. 501.

Ob der heiligen Taufhandlung, wie sie zugleich in der Identität des symbolischen Wortes erscheint, und wie sie umschlossen ist vom kirchlich bestimmten Gebet, noch Gesang und Rede vorangehen soll, darüber ist nichts Bestimmtes in der Kirche vorgeschrieben.

§. 502.

Die Taufhandlung selbst ist, wenn sie nach der Bestätigung des Glaubensbekenntnisses von Seiten der Pathen, und auf das Wort des Glaubens an Gott den Vater, an Gott den Sohn, und an Gott den heiligen Geist erfolgt ist, vollständig vollzogen; da sie aber auch beruht auf der Gnadenerweisung des heiligen Geistes, so ist es ein unmittelbares Bedürfniß des christlich religiösen Selbstbewußtseins, jene Gnadenerweisung für das Kind von Gott zu erbeten; andere Bestandtheile des Kultus, wie Gesang und Rede, können als zur Vollendung der Taufe wesentlich gehörig nicht angesehen werden.

§. 503.

Wenn Rede und Gesang der Taufhandlung vorangehen, so darf das nicht geschehen, um das Erbauliche der Taufhandlung, welche auf der Verheißung, die der Glaube hat, beruht, zu heben, sondern es ist ein Erbauliches für sich, in Beziehung auf die Taufhandlung.

§. 504.

Der Charakter solcher Taufreden ist ein eigenthümlicher, und obwohl er in sich einen sehr reichhaltig religiösen Stoff trägt, so ist dieser Stoff doch schwer im richtigen Verhältniß zur Handlung selbst zu behandeln, und fallen die Regeln hierüber in das Gebiet der Homiletik.

§. 505.

Die Nothtaufe, welche auf die Nothwendigkeit der Taufe hinweist, und welche, wenn sie auch nicht in dem strengsten Sinne augustinischer Dogmatik gerechtfertiget werden kann, doch auf ein tief gefühltes religiöses Bedürfniß sich gründet, wird in der evangelischen Kirche theils von Laien, theils vom Geistlichen vollzogen.

§. 506.

Im erstern Falle erfolgt die heilige Handlung der Aspersion unter dem Worte nach der kirchlichen Formel, und muß die Taufhandlung selbst in der Kirche nach einem kirchlich vorgeschriebenen Formular ihre Bestätigung finden; im letztern Falle wird die heilige Handlung vom Liturgen selbst vollständig vollzogen.

§. 507.

Was sonst noch als symbolische Handlung bei der Taufe kirchlicher Gebrauch geworden ist, als das Handauflegen der Pathen, das Bezeichnen mit dem Kreuz, so wie auch der Gebrauch, daß in der Taufe dem Täufling Namen gegeben werden, gehört zwar nicht zum wesentlichen Bestandtheil der Taufe, kann aber als sinnvolle Bedeutung und als heilig gewordener Gebrauch in der Taufhandlung selbst mit zur Darstellung kommen.

Viertes Kapitel.

## Der Konfirmations-Kultus.

§. 508.

In nothwendiger Rückbeziehung auf das Sakrament der Taufe ist in der Kirche die Konfirmation geordnet, durch welche kirchliche Handlung die Kinder den Glauben, auf welcher sie getauft sind, nach erlangter christlicher Erkenntniß mit Bewußtsein bestätigen.

§. 509.

Die Konfirmation ist keine Ergänzung der heiligen Taufe, in welcher der Gnadenbund mit Gott durch den heiligen Geist wirklich und vollkommen geschlossen wird, aber sie ist eine Aussage von dem, was das Kind in der Taufe schon empfangen, und was es als das Höchste im Leben nun selbstständig zu bewahren hat.

§. 510.

Diese Aussage gründet sich auf das Bewußtsein und die Erkenntniß von dem Glauben, auf welchen das Kind getauft und in welchem es unterrichtet worden ist, und in dieser letztern Hinsicht ist die Konfirmation der Schlußpunkt der religiösen Schulerziehung.

§. 511.

In dem erlangten Bewußtsein von dem Glauben wird die Konfirmation zugleich die Einführung in das an die bestimmte Kirchengemeinschaft gebundene religiöse Leben im Kultus.

§. 512.

Sowohl jene bewußte und auf die herangereifte, christliche Erkenntniß sich gründende Aussage über die in der Taufe empfangene göttliche Gnade, als wie auch diese Einführung in das Leben des christlich religiösen Kultus macht die Konfirmation zu einem kirchlichen Akt, bei welchem alle Elemente des Kultus hervortreten.

§. 513.

Das Fehlerhafte im Konfirmations-Kultus würde sich darin zeigen, wenn die Konfirmation über das Sakrament der Taufe sich erheben wollte; wenn die erlangte christliche Erkenntniß in dem der Feierlichkeit beigeordneten Examen auf ostentative Weise hervorgehoben; wenn endlich der Handlung selbst durch eine von außen her erzielte Feierlichkeit zu Hülfe gekommen würde.

§. 514.

In Beziehung auf die Taufe ist die Konfirmation nach dem Princip der evangelischen Kirche so zu fassen, daß die Kinder in derselben geloben, wie sie den Gnadenbund, den sie schon in der Taufe mit Gott durch den heiligen Geist geschlossen haben, nun nach erlangter christlicher Erkenntniß, durch den heiligen Geist auch im Kampfe mit der Welt bewahren wollen.

§. 515.

In Beziehung auf ihre Erkenntniß ist es das Gefühl der Demuth, von welchem Kinder und Liturge gleich sehr durchdrungen sein müssen, und in welchem Gefühl sie zugleich sich erinnern, daß es die nicht durch ihre Kraft, sondern daß es die durch den heiligen Geist gewirkte Erkenntniß ist, in welcher sie bisher unterrichtet und in welcher sie nun im öffentlichen Gottesdienste die Gnade Gottes sich weiter an-eignen wollen.

§. 516.

Ein Examen in der Konfirmation mit den Konfirmanden vor der Gemeinde abhalten, würde auf Kosten der religiösen Erbauung die Kinder in eine anstrengende Reflexion versetzen; würde die wirkliche und vorhandene Ungleichheit in der erlangten Erkenntniß unter den Kindern hervorrufen, und ihre Gemeinschaft unter sich und mit der Gemeinde zerstören; würde endlich auf Kosten des religiösen Elements die vorausgesetzte Receptivität für den Kultus in der Gemeinde und den Kindern unterdrücken und die Erbauung verhindern; und je näher ein solches Examen der Handlung selbst gestellt würde, desto mehr würde diese ihr Wesen und ihre religiöse Bedeutung verlieren.

§. 517.

Daß die Gemeinde eine solche Ueberzeugung von der erlangten religiösen Erkenntniß der Kinder zu verlangen habe, ist eine Forderung die sie doch selbst im Vertrauen auf ihren Seelsorger niemals wird geltend machen wollen. Und machte sie eine solche Forderung geltend, so ist ihr die Gelegenheit, eine Ueberzeugung hiervon zu erlangen, hinlänglich in den geordneten Schulexaminibus gegeben.

§. 518.

Das Feierliche der Konfirmation kann nur bestehen in der höchsten Einfachheit, welche beruht auf der Tiefe ihrer religiösen Bedeutung.

§. 519.

Nicht daß das Sakrament der Taufe durch die Konfirmation vollendet, sondern daß in der Konfirmation es offenbar wird, daß der Gnadenbund der heiligen Taufe der Grund ist aller höhern Gaben, welche die Konfirmanden empfangen haben, und welche sie noch empfangen werden, macht das Feierliche der Handlung; und darin, daß der Gnadenbund der Taufe im öffentlichen Kultus hervortritt, wird der Konfirmations-Kultus ein kirchlicher Akt.

§. 520.

Die Konfirmations-Handlung selbst besteht in zwei Elementen. Einmal daß die Kinder das Bekenntniß des Glaubens auf welchen sie getauft sind, selbst ablegen, (kein anderes Glaubensbekenntniß als das kirchlich symbolische darf das Kirchenregiment dulden) und daß sie geloben diesem Glauben nach erlangter Erkenntniß auch gemäß zu leben; sodann in der kirchlichen Einsegnung.

§. 521.

Die Umgebung, in welcher diese zwiefache Handlung hervortritt, kann keine andere sein als Gesang, Rede und Gebet, und zwar geordnet nach der Analogie des öffentlichen Kultus. Daß eine Jugendgemeinde in der Gemeinde zum ersten Mal gemeinschaftlich singt, betet und das Wort Gottes hört, und daß sie hierin ihre Sehnsucht in die Gemeinde Gottes überzugehen zu erkennen giebt, das ist das Erbauliche, in welchem jenes zwiefache Element der Handlung hervortritt.

§. 522.

Ist auf diese Weise die Konfirmation ein Kultus für sich, so muß er doch auch als ein Eigenthümliches ein Allgemeines werden, d. i. es muß auch der vollständige Kultus, als die heilige Erbauung der Christen, der Konfirmanden-Jugend zum ersten Mal in seiner höchsten Bedeutung zum

Bewußtsein kommen. Daher es nothwendig erscheint, daß der öffentliche Gottesdienst der Konfirmation vollständig vorangehe, und er in seinen Elementen nicht anders geordnet erscheine als sonst.

§. 523.

Ist die Konfirmation ein Kultus im Kultus, so werden die besondern Elemente nach der individuellen Natur der Handlung so zusammentreten, daß die religiöse Rede an die Kinder zwischen den Gesang der Kinder und die Handlung der Konfirmation tritt.

§. 524.

Die religiöse Rede selbst wird ein eigenthümliches Gepräge an sich tragen, sie wird keine Rede des öffentlichen Kultus sein, aber auch nicht ganz in individuellen Beziehungen sich verlieren dürfen. Konfirmations-Reden bilden daher eine eigenthümliche Gattung der religiösen Rede, und ihre Theorie fällt in das allgemeine Gebiet der Rhetorik.

§. 525.

Der Gesang, der passend allein von den Kindern gesungen wird, wird seiner Natur nach den kirchlich symbolischen Charakter, aber in der individuellen Beziehung auf die Handlung ausdrücken müssen.

§. 526.

Die Handlung selbst ist agendarisch und formularisch bestimmt, ein vollkommen liturgisches Element. Daß die Kinder durch Handschlag das Ja auf ihr abgelegtes Glaubensbekenntniß noch versichern, ist kein wesentliches, aber, wo es Ordnung geworden ist, ein doch auch nicht abzustellendes Element. Daß an das von den Kindern abgelegte Glaubensbekenntniß sich die Ertheilung aller der Rechte knüpft, an welchen die Gemeinde als im öffentlichen Kultus Theil nimmt, ist wesentlich; die Formel hierfür, so wie das gemeinsame Gebet, ist ebenfalls agendarisch bestimmt.

§. 527.

Daß bald nach der Konfirmation die Konfirmanden das heilige Abendmahl empfangen, ist nicht wesentlich, als für die Konfirmation geordnet, sondern erscheint nur als Gebrauch, an dem hier und da noch in der evangelischen Kirche festgehalten wird.

§. 528.

Es hat dieser Gebrauch seinen Ursprung darin, daß die Konfirmanden zu dem höchsten Segen berechtigt sind, an dem heiligen Abendmahle Theil zu nehmen, und es sollte dieser Berechtigung, in der dabei vorausgesetzten Sehnsucht nach dem Genuß des heiligen Abendmahls, nun auch bald nach der Handlung Genüge gethan werden.

Fünftes Kapitel.

## Der Abendmahls-Kultus.

§. 529.

Der Gipfel des evangelischen Kultus ist die Feier des Abendmahls, durch welches die Christen in der erneuerten Lebensgemeinschaft mit ihrem Erlöser die durch seinen Versöhnungstod gewirkte Sündenvergebung sich aneignen, und in der Vereinigung mit ihm von ihm die Glaubenskräfte zur Heiligung empfangen.

§. 530.

Wie in der Taufe die Gemeinschaft mit Christo erscheint als in Beziehung auf die Wirklichkeit der in der menschlichen Natur sich entwickelnden Sünde, so ist das Abendmahl die Gemeinschaft mit Christo in Beziehung auf die Wirklichkeit der sich in der menschlichen Natur entwickelten Sünde, die nur durch den Glauben an den Versöhnungstod des Erlösers getilgt werden kann.

§. 531.

Die Handlung des heiligen Abendmahls setzt daher voraus die Erkenntniß und das Bekenntniß der Sünde, und beides zusammen stellt sich heraus als in dem Begriff der Vorbereitung auf das heilige Abendmahl durch die Beichte.

§. 532.

Die Erkenntniß der Sünde, so wie das mit ihr zusammenfallende Gefühl der Erlösungsbedürftigkeit, soll in der Vorbereitung auf das Abendmahl dargestellt werden durch die öffentliche Beichtrede. Das Bekenntniß der Sünde kommt in der Beichthandlung selbst zur Darstellung, welche besteht aus dem Sündenbekenntniß, der Frage und der Absolution.

§. 533.

Wenn die Beichte in der Kirche als Privatbeichte geordnet ist, so nimmt die Beichthandlung einen größern Zeitumfang ein, und die Beichtrede tritt alsdann mehr zurück, indem die vorhergehende Prüfung und Erkenntniß der Sünde dem Einzelnen überlassen bleibt.

§. 534.

Wenn die Beichte in der Kirche als öffentlich geordnet ist, so tritt die Beichtrede mehr hervor, und die Beichthandlung nimmt einen geringern Zeitraum ein, indem das Bekenntniß dann ein allgemeines, vom Geistlichen gesprochenes wird.

§. 535.

Aus der öffentlichen Beichte folgt keinesweges, daß die Erkenntniß der Sünde nicht schon vor der Beichte ein ernstes Geschäft jedes Einzelnen sei; und aus der Privatbeichte folgt nicht, daß nicht die Erkenntniß der Sünde durch eine allgemeine Rede nochmals gemeinschaftlich dargestellt werden könnte.

§. 536.

In der Privatbeichte tritt in dem selbstgesprochnen Bekenntniß des Sünders (nicht im Bekenntniß der einzelnen Sünden) allerdings mehr die Selbstthätigkeit des Beichtenden nach der Erkenntniß hervor, und weil diese darstellende Selbstthätigkeit bis auf ein wesentliches Bedürfniß zurückgeführt werden kann, so scheint hierin ein Vorzug der Privatbeichte vor der allgemeinen zu liegen.

§. 537.

In der öffentlichen Beichte muß die Beichtrede vorzüglich darauf hinführen, die Selbstthätigkeit der Beichtenden in Beziehung auf die Erkenntniß ihrer Sünden anzuregen, und eines Jeden Erlösungsbedürftigkeit in der Einheit der allgemein kirchlichen und individuell persönlichen Erfahrung darzustellen. Die Beichtreden bilden so eine besondere Sphäre religiöser Rede, und finden ihre Theorie in der Homiletik.

§. 538.

Nur die Gewissenhaftigkeit des Geistlichen, in der er durch seine Beichtreden die Selbstthätigkeit aller Beichtenden in Beziehung auf die Erkenntniß ihrer Sünden hervorruft, kann das bei der allgemeinen Beichte ersetzen, was durch die Privatbeichte verloren gegangen ist.

§. 539.

Es muß aber die Privatbeichte, welche überdies in einem innern, nothwendigen Zusammenhange mit der speciellen Seelsorge steht, als in der evangelischen Kirche noch geordnet erscheinen, indem keinem evangelischen Christen, welcher privatim beichten will, dies verweigert werden kann.

§. 540.

Erst nach vorhergegangener Beichthandlung kann die Abendmahlshandlung selbst erfolgen.

§. 541.

Es kann gedacht werden, und folgt auch aus der Bedeutung des Abendmahls, daß der öffentliche Gottesdienst am Sonntage ganz in die Handlung des Abendmahls überginge, und dann aus demselben wie aus seiner Lebenswurzel wieder hervorträte.

§. 542.

In einem solchen Abendmahlsgottesdienste würden alle Elemente des Kultus harmonisch zusammen treten, aber alle nur in der unmittelbaren Beziehung auf die heilige Handlung selbst.

§. 543.

Es würde aber alsdann vorausgesetzt, daß alle in der Versammlung das Abendmahl empfingen; da sich jedoch der Genuß des heiligen Abendmahls an das Bedürfniß des Einzelnen in der Gemeinde knüpft, und dieses an keine bestimmte Zeit gebunden erscheint, so ist der Kultus des heiligen Abendmahls neben dem öffentlichen Gottesdienste von der Kirche geordnet worden.

§. 544.

Da die Handlung des Abendmahls an die Vorbereitung der Beichte gebunden ist, so ist die Gemeinde der Kommunikanten zugleich eine Gemeinde im Kultus für sich.

§. 545.

Die Handlung des Abendmahls erscheint, als der Gipfel im Kultus, am zweckmäßigsten nach dem Schlusse des öffentlichen Gottesdienstes; die Vorbereitung in der Handlung der Beichte braucht in keiner unmittelbaren Verbindung mit dem Kultus zu stehen, sondern kann als Vorbereitung an dem Tage vor der Abendmahlshandlung Statt finden.

§. 546.

Wenn die Abendmahlshandlung als Handlung für sich und nicht in der Umgebung des öffentlichen Kultus hervortritt, so wird die öffentliche Beichtrede mit der Abendmahlshandlung zu einem vollständigen Kultus sich gestalten.

§. 547.

Die Abendmahlshandlung selbst besteht in der Introduktion, Konsekration und Distribution. Die Introduktion beruht auf dem Gebet, welches ganz den bestimmt liturgischen Charakter an sich trägt; in der Konsekration und Distribution ist das Wort in die bestimmte und von der Kirche vorgeschriebene liturgische Formel gefaßt.

§. 548.

Das Kirchenregiment hat in der Anordnung dieser Gebete und Formeln dafür zu sorgen, daß das biblische Element derselben in seiner wahren und wesentlichen Einheit mit dem kirchlich symbolischen erscheine.

§. 549.

Die Privatkommunion erfolgt auf dieselbe Weise wie die öffentliche, sie läßt sich jedoch nur als Krankenkommunion rechtfertigen, und fällt alsdann in der Vorbereitung auf die Handlung selbst ganz mit den Geschäften des Geistlichen in der speciellen Seelsorge zusammen.

§. 550.

In dieser innigen Verbindung mit der speciellen Seelsorge wird die Krankenkommunion ein wesentlicher Akt der evangelisch geistlichen Amtsthätigkeit, und je mehr der Geistliche im Geschäft der speciellen Seelsorge thätig erscheint, desto mehr wird er das individuelle Element auf wahrhaft erbauliche Weise für die Vorbereitung auf das heilige Abendmahl in Anwendung bringen.

Sechstes Kapitel.

## Der Trauungs-Kultus.

§. 551.

Da die Gemeinde ihr Fortbestehen hat in der natürlichen Geschlechtsgemeinschaft, und da diese erst in der Kirche den höchsten geistigen Charakter annimmt, so ist auch das Begründetwerden dieser Gemeinschaft durch die Schließung der Ehe ein kirchlicher Akt.

§. 552.

Auf welche andere, allgemein rechtliche Principien vom Standpunkt des Staates aus die Schließung der Ehe zurückgeführt werden möge, so wird unter christlichen Völkern die Schließung der Ehe nicht eher als wahrhaft vollzogen angesehen werden, bis sie auch als ein kirchlicher Akt erfolgt ist.

§. 553.

Dieser Akt besteht in dem Aufgebot und der Trauung. Das Aufgebot drückt sich kirchlich aus als die gemeinsame Fürbitte für die Verlobten, und gehört ganz zum liturgischen Element des Gebetes.

§. 554.

Was sonst noch am Aufgebot der Verlobten erscheint, ist nicht zunächst geordnet vom Interesse der Kirche, sondern von dem des Staates aus.

§. 555.

Die Trauung besteht aus der Rede und dem Kopulationsformular, welchen beiden vorgeht und nachfolgt der Gesang

§. 556.

Obwohl die Traurede zu ihrem Hauptinhalt haben muß, die Ehe als einen Bund der christlichen Liebe und der Heiligung in derselben darzustellen, so treten doch hier mehr als irgend wo anders die individuellsten Beziehungen hervor, und das allgemein christlich religiöse Lebenselement kommt in dieser Gattung von religiösen Reden am meisten an dem individuellen und besondern Element zur Erscheinung.

§. 557.

Aus diesem Grunde, und weil es mancherlei Schwierigkeiten unterliegt, das allgemein religiöse Element so im individuellen hervortreten zu lassen, verlangt diese Gattung von Reden eine eigenthümliche Behandlungsweise.

§. 558.

Die Kopulation besteht in der Frage an die Brautleute, und darin, daß der Geistliche, nachdem sie sich die Hände gegeben haben, sie verbindet auf den Namen Gottes, des Vaters, des Sohnes und des heiligen Geistes. Was hierbei als Formel hervortritt, ist liturgisch vom Kirchenregiment vorgeschrieben.

§. 559.

Der Gesang ist wie die Predigt auf diesem Gebiete überwiegend individueller Natur, und es kann nichts dagegen eingewendet werden, wenn die Brautleute den Gesang sich selbst wählen.

§. 560.

Diejenigen, welche als Zeugen bei der Handlung zugegen sind, repräsentiren die kirchliche Gemeinschaft, und da sie zugleich in der individuellsten Beziehung zu den Brautleuten stehen, so wird die Andacht der letztern hierin zugleich eine gemeinsame, in der brüderlichen Liebe mitgefühlte Andacht in Rede, Gebet und Gesang.

§. 561.

Die kirchliche Handlung der Trauung ist überall in dem Charakter der höchsten Einfachheit zu bewahren, und alles, was sich von weltlicher Feier und Freude dabei geltend machen wollte, ist als die kirchliche Feier störend davon zu entfernen.

Siebentes Kapitel.

## Der Begräbniß-Kultus.

§. 562.

Es ist ein tiefgefühltes, frommes Bedürfniß sowohl, daß die welche durch den Tod aus der sichtbaren kirchlichen Gemeinschaft geschieden sind, die kirchliche Weihe empfangen, als auch daß die Gemeinde bei dem Ausscheiden eines ihrer Mitglieder, in der Erinnerung an dasselbe, sich in ihrem frommen Bewußtsein tröstet und erhebt.

§. 563.

Ist durch den Glauben an Christum der Tod verschlungen in das Leben, und erscheint der christliche Glaube durch die kirchliche Gemeinschaft als ein für alle vermittelter, und hierin als das wahrhafte Element des Lebens, so ist nichts natürlicher, als daß jeder Verstorbene unter dem Segen seiner Kirche bestattet, und von ihr entlassen, und im Gebet Gott zur Bewahrung des ewigen Lebens übergeben wird.

§. 564.

Eben so natürlich ist es, daß diejenigen, die um ihre Todten trauern, nur in der christlich frommen Gemeinschaft sich wahrhaft trösten und erheben.

§. 565.

Der Kultus des Begräbnisses bildet sich ganz nach Analogie zum öffentlichen Kultus. Er umschließt die religiöse Rede durch Gesang und Gebet, und selbst durch das Vorlesen geeigneter biblischer Abschnitte.

§. 566.

Er gestaltet sich nach differenten kirchlichen Gebräuchen theils zu einem vollständigen Kultus in dem Beieinandersein aller Elemente, theils nach der Analogie des unvollständigen Gottesdienstes.

§. 567.

In größern Städten erscheint das Begräbniß in den meisten Fällen von allem Kultus entblößt, und in den Fällen, wo das kirchliche Begräbniß erfolgt, ist die Feier desselben von der ganz äußerlichen Bedingung der Wohlhabenheit abhängig gemacht.

§. 568.

Gebe es auch eine Abstufung von dem Zusammengesetztern zu dem Einfachern des Begräbniß-Kultus, so sollte doch bei keinem Begräbniß die Gegenwart des Geistlichen entbehrt werden, welcher als Liturg im Namen der Kirche dem Verstorbenen den Segen unter Gebet und Gesang der versammelten Gemeinde ertheilt.

§. 569.

Die Einheit des Begräbniß-Kultus und seine Ordnung erscheint sehr nach Sitte und Gebrauch modificirt, im wesentlichen aber wird überall die Analogie mit dem öffentlichen Kultus verfolgt.

§. 570.

Die Gebete tragen den allgemein kirchlichen Charakter, und sind dem Liturgen agendarisch bestimmt. Die Predigt muß sich im allgemeinen Element des christlichen Glaubens fortbewegen, jedoch können und sollen in ihr individuelle Beziehungen im Lichte des christlichen Glaubens hervortreten. Die Gattung dieser Reden gehört mit zu den schwierigsten, und erfordert eine besondere Theorie, die in einer allgemeinen Homiletik nicht fehlen darf.

Achtes Kapitel.

## Der Kultus der Ordination.

§. 571.

Als vollständiger Kultus in Gesang, Gebet und Rede ist auch zu vollziehen der Akt der Ordination derer, welche zum Predigtamt rechtmäßig berufen sind.

§. 572.

Die Ordination erfolgt unmittelbar nach dem öffentlichen Sonntags- oder Festgottesdienste, und schon unter die Fürbitten der Gemeinde wird das Gebet für die Ordinanden mit eingeschlossen.

§. 573.

Die Ordination besteht in der Rede, dem Gebet, in der Verpflichtung auf das heilige Amt, und in der Weihung durch das priesterliche Handauflegen; der Gesang der Gemeinde leitet die Handlung, umschließt und beendet sie.

§. 574.

Alles dies ist agendarisch bestimmt durch das Kirchenregiment, und auch in der Rede werden individuelle Beziehungen nur sparsam hervorteten dürfen.

Neuntes Kapitel.

## Der Kultus der Installation.

§. 575.

Als ein Akt des Kultus im Kultus erscheint auch die Installation, welche die feierliche Einführung des Ordinirten in seine ihm anvertraute Gemeinde zum Zweck hat.

§. 576.

Die Introduktionshandlung wird durch den Gesang der Gemeinde eingeleitet, und die religiöse Rede des Introducirenden hat zum Gegenstande die specielle Hinweisung auf die gegenseitigen heiligen Verpflichtungen des Geistlichen und der Gemeinde. Wie bei der Ordination der Gottesdienst passend vorhergeht, so folgt bei der Introduktion der öffentliche Gottesdienst erst nachher, und der eingeführte Geistliche hält am passendsten in diesem Momente seine Antrittspredigt.

§. 577.

Ordinations-, Introduktions- und Antrittspredigten tragen ein eigenthümliches Gepräge an sich, und ihre besondere Theorieen gehören in das allgemeine Gebiet der Homiletik.

Zehntes Kapitel.

## Die Einsegnung der Wöchnerin.

§. 578.

Die Einsegnung der Wöchnerin erfolgt unter Dankgebet und dem Segenspruch, und kann an verschiedenen Stellen des öffentlichen Gottesdienstes hervortreten.

§. 579.

Da solche Einsegnungen einen sehr individuellen Charakter an sich tragen, und zunächst ihre Bedeutung in Beziehung auf die Einzusegnenden selbst haben, so ist der das Gebet umschließende Gesang der Gemeinde kein wesentliches Element; und es werden daher die Einsegnungen am schicklichsten unter dem allgemeinen Kirchengesange der Gemeinde vollzogen.

§. 580.

Wegen der individuellen Beziehung, auf welche solche Gebete sich gründen, ist hier ein größerer Spielraum für den Liturgen gelassen, welcher der jedesmaligen Lage angemessen sich solche Gebete, jedoch im kirchlichen Sinne, zu entwerfen hat.

Elftes Kapitel.

## Die Weihung der für den Kultus zu gebrauchenden Gegenstände.

§. 581.

Die Weihung der Kirchengebäude, der Glocken und anderer heiligen Geräthe hat in der evangelischen Kirche nur den Sinn, daß diese Gegenstände durch ihren Gebrauch einem höhern, geistigen Zwecke dienen, und also von den profanen und ihnen gleichartigen Gegenständen ausgesondert werden müssen. Dienen sie nicht mehr zu diesem höhern Zweck, so ist auch dieser ihr höherer Charakter verloren gegangen.

Zwölftes Kapitel.

## Der Festgottesdienst.

§. 582.

Da das religiöse Selbstbewußtsein seinen Inhalt empfängt aus dem in die Erscheinung getretenen Erlösungswerke, so beruht auch die Darstellung desselben im Kultus auf den historischen Momenten, in welchen das Werk der Erlösung als in seinen höchsten Entwickelungspunkten in die Erscheinung getreten ist.

§. 583.

Die höchsten Entwickelungspunkte in dem Werke der Erlösung können keine andern sein als die im Leben des Erlösers selbst erschienen sind, so wie in seiner Verheißung des heiligen Geistes.

§. 584.

Sein Eintritt in die Welt, sein Austritt aus der Welt, seine Auferstehung, und die nach seiner Himmelfahrt erfolgte Ausgießung des heiligen Geistes sind die höchsten Entwickelungspunkte am Werke der Erlösung.

§. 585.

Alle Thatsachen der Erlösung werden in diesen Hauptmomenten zusammen gehalten; und wie im Glauben an diese Thatsachen der Erlöste alle Momente seines religiösen Lebens zusammenschließt, so bilden sie demnach die höchste Einheit, welche auch der Aneignung des religiösen Lebens im Kultus zum Grunde liegen muß.

§. 586.

Die zeitliche Einheit dieser Momente manifestirt sich in dem Nacheinander des kirchlichen Jahrescyklus und wiederholt sich in demselben.

§. 587.

Wie demnach der Kultus in einer bestimmten Zeiteinheit zur Erscheinung kommt, so treten alle diese Zeitmomente des Kultus im Laufe des Kirchenjahres, nach den Hauptepochen des Erlösungswerkes, in ihrer höchsten Einheit zusammen.

§. 588.

Der Gottesdienst, der an den zeitlich bestimmten und geordneten Hauptepochen des Erlösungswerkes hervortritt, entfaltet sich in dieser höhern Beziehung als Festgottesdienst.

§. 589.

Die Receptivität für die religiöse Aneignung im Kultus hat ihren Ursprung in einer innern und unmittelbaren religiösen Erregung, sie wird aber auch als diese innere Erregung zugleich hervorgerufen durch eine zeitliche und bestimmte Veranlassung.

§. 590.

Da, wo die Receptivität für die religiöse Aneignung im Kultus zugleich in der zeitlichen Veranlassung als innere Erregung sich bestimmt, wird der Gottesdienst ein bedingter, d. i. der jedesmalige Inhalt der religiösen Darstellung im

Kultus ist schon der in der religiösen Receptivität der Gemeinde gegebene, und in der Darstellung bestimmt erwartete.

§. 591.

Der Kultus, der sich periodisch in der Wiederkehr des Sonntags gestaltet hat, beruht auf derjenigen religiösen Receptivität der Gemeinde, welche überwiegend nur die innere religiöse Erregung unmittelbar hervorruft; der Sonntagsgottesdienst ist daher der Kultus der unbedingten Darstellung.

§. 592.

Im Festgottesdienst ist die religiöse Receptivität in der innern Erregung ihrem Inhalte nach durch den in der festlichen Zeit fixirten Moment bestimmt; der Festgottesdienst gehört demnach zur bedingten religiösen Darstellung im Kultus.

§. 593.

In der unbedingten Darstellung des Sonntagsgottesdienstes hat der Geistliche als religiöser Redner eine größere Freiheit seiner individuellen Darstellung, als in dem bedingten Gottesdienst der festlichen Zeiten.

§. 594.

Der unbedingte Gottesdienst hat seine wesentlichen Grundzüge darin, daß der Inhalt des christlich religiösen Selbstbewußtseins als in seiner alle Erscheinungen des Lebens durchdringenden Kraft hervortritt.

§. 595.

Die innere Erregung der religiösen Receptivität ist in demselben die allgemein bestimmte, daß durch das in Christo erschienene und durch sein Erlösungswerk bewirkte neue Leben in seiner Alles überwindenden Kraft sich immer mehr entfalten, und das Reich Gottes durch seinen Sieg über die Welt sich auf Erden verbreiten soll.

§. 596.

Der bedingte Gottesdienst der heiligen Festzeiten hat seine wesentlichen Grundzüge darin, daß der Inhalt des christlich religiösen Selbstbewußtseins in dem durch Christum wirklich errungenen Sieg über die Welt hervortritt, und die Gemeinde in dem Glauben an ihn dieses Sieges sich erfreut, und Gott dafür dankbar wird.

§. 597.

Dieser durch Christum gewordene und wirkliche Sieg über die Welt muß zwar auch dem unbedingten Gottesdienste überall zum Grunde liegen, aber er erscheint hier mehr in seiner werdenden Vermittelung gegenüber der Welt; und das in Christo empfangene neue Leben tritt in unserm frommen Selbstbewußtsein auch in den festlichen Zeiten noch als im Kampfe mit der Welt hervor, aber daß es in Christo den Kampf vollendet, und den Sieg über die Welt errungen hat, tritt an den festlichen Tagen überwiegend als Freude in dem Herrn in das fromme Selbstbewußtsein der Gemeinde.

§. 598.

Da beide, der unbedingte und bedingte Gottesdienst dasselbe religiöse Element, welches sich nur in dem Selbstbewußtsein der Gemeinde verschieden modificirt, darstellen, so ist der Gegensatz der bedingten und unbedingten Darstellung im Kultus nur ein relativer, als solcher aber zugleich in der evangelischen Kirche ein wesentlicher.

§. 599.

Da vorzüglich in der evangelischen Kirche das Reich Gottes als ein durch die Kirche noch werdendes, und nicht schon in der Kirche gewordenes, gesetzt erscheint, und da es wesentlicher Grundsatz der evangelischen Kirche ist, daß alle Elemente des noch natürlichen Lebens in das Leben des

Reiches Gottes hineingebildet werden, so muß die unbedingte Darstellung im Kultus überall festgehalten werden.

§. 600.

Aus diesem Grundsatz erklärt es sich folgerichtig, daß die evangelische Kirche der bedingten Darstellung im Kirchenjahre einen größern Umfang zu geben die geringste Neigung hat, und daß, wo ein solches Augment der bedingten Darstellung sich neu gestalten will, dieses vorher als in seinem wirklich bedingten Charakter sich ausweisen muß.

§. 601.

In der katholischen Kirche erscheint es ebenso folgerichtig, die unbedingte Darstellung in die bedingte übergehen zu lassen.

§. 602.

Der feierliche Charakter des Festgottesdienstes drückt sich zunächst als ein rein innerer darin aus, daß die Darstellung in demselben an die höchsten und absoluten Momente des Erlösungswerkes ganz gebunden erscheint; und daß in dem religiösen Selbstbewußtsein der Gemeinde ihre Gemeinschaft mit dem Erlöser als die gewordene Gemeinschaft sich manifestirt.

§. 603.

Es könnte die Frage aufgeworfen werden, ob nicht einem solchen feierlichen Charakter des Gottesdienstes eine ihm angemessene, und von dem Sonntagsgottesdienste sich unterscheidende Darstellungsform in den qualitativen und quantitativen Kultusformen zukomme.

§. 604.

Die qualitative Veränderung der Kultuselemente kann nur darauf beruhen, daß ihr Inhalt der festlichen Idee adäquat erscheint.

§. 605.

Da die hohen Feste des christlichen Kirchenjahres das christlich religiöse Element in seiner Allgemeinheit, und auch in der schon kirchlich gewordenen Vermittelung des religiösen Gedankens in sich schließen, so unterscheidet sich der Festgottesdienst von dem unbedingten Gottesdienste am Sonntage überwiegend auch dadurch, daß hier das individuelle übergegangen ist in das allgemeine Element des kirchlich religiösen Lebens.

§. 606.

Mithin werden auch die Elemente des Festkultus, nämlich der Gesang, das Gebet und die Rede, in diesem mehr allgemeinen Charakter als das Feierliche sich herausstellen.

§. 607.

Die quantitative Veränderung der Kultusformen kann auf einem Zwiefachen beruhen, entweder daß ihr Inhalt ein vermehrter wird, und ein längeres Zeitmaaß der Darstellung bedarf, oder auch daß Kunstelemente in die Darstellung mit aufgenommen werden, die sonst nicht hervorzutreten pflegen.

§. 608.

Was das Erste anlangt, daß namentlich Gebet und Gesang im festlichen Kultus in einem längern Zeitmaaße hervortreten, als im periodischen Sonntaggottesdienste, so kann diese quantitative Veränderung nur als wirklich gedacht werden, wenn sie zusammenfällt mit der schon oben angeführten qualitativen, d. i. wenn sie dem festlichen Inhalte adäquat erscheint.

§. 609.

Daß der Inhalt des religiösen Selbstbewußtseins im festlichen Gottesdienst an den Hauptthatsachen des ganzen Erlösungswerkes zur Darstellung kommt, und diese darin selbst umfangreicher wird, das scheint der Grund davon gewesen zu sein, im Festgottesdienste allen Kultusformen eine größere Ausdehnung zu geben.

§. 610.

Wird auch der Inhalt des relgiösen Selbstbewußtseins im Festgottesdienste in seinem reichhaltigsten Umfange zur Darstellung gebracht; so ist doch der Festgottesdienst ein allgemeiner, durch das religiöse Bewußtsein der Gemeinde schon bestimmter, und in dieser Allgemeinheit braucht er kein größeres Zeitmaaß als die religiöse Darstellung, die sich in der Besonderung zu halten hat.

§. 611.

Das Feierliche des Festgottesdienstes beruht demnach gar nicht darauf, daß quantitativ in einem längern Zeitmaaße die Kultusformen zur Erscheinung kommen, sondern vielmehr darauf, daß die Gemeinde mit dem Bewußtsein von dem gnadenreichen Inhalte der Erlösungsthatsache, auf welche das Fest sich bezieht, im Festkultus erscheint; und daß der Liturge in demselben Bewußtsein der Gemeinde nichts zur Darstellung bringt, was nicht als ein Element jenes Inhalts von der Gemeinde schon erwartet würde.

§. 612.

Im Festgottesdienst tritt das religiöse Selbstbewußtsein des Liturgen und der Gemeinde in allen Elementen der Darstellung überwiegend unvermittelt hervor; und der Geistliche ist hier in seiner Selbstthätigkeit ganz aufgegangen in die Empfänglichkeit der Gemeinde, und die Gemeinde ist ganz aufgegangen in die Selbstthätigkeit des Geistlichen, beide sind in einer und derselben Einheit ihres christlich religiösen Lebens und in ihrer Freude am Herrn erhoben in die Gemeinschaft ihres Lebens mit Gott. Und auf dieser sich unmittelbar manifestirenden Identität beruht das Feierliche des Festgottesdienstes.

§. 613.

Die quantitative Vermehrung des Festkultus, welche darin besteht, gewisse Kultusformen an den festlichen Tagen mit aufzunehmen, welche sonst nicht in Anwendung zu kommen pflegen, hat in der beschränkten und subjektiven Ansichtsweise ihren Grund, daß einem höhern und festlich religiösen Inhalte auch eine irgend wie gesteigerte und sich auszeichnende Form entspräche.

§. 614.

Diese Ansichtsweise beruht auf der unrichtigen Vorstellung, als ob es sich in göttlichen Dingen in gleicher Weise verhalte wie in menschlichen, wo dem höher Stehenden auch in höherer Art begegnet wird; und wenn von Theologen diese Ansichtsweise noch festgehalten wird, so beruht sie bei diesen auf dem Mangel der wissenschaftlichen Erkenntniß, daß die Form nicht wie etwas Gemachtes zum religiösen Inhalte hinzukommt, sondern daß dieser in seiner Lebendigkeit seine Form zugleich mit erzeugt und hervorbringt.

§. 615.

Nun haben wir in Folge dieser ganzen Untersuchung schon oftmals erkannt, daß nach dem Princip der evangelischen Kirche der religiöse Inhalt sich seiner Natur nach mit den einfachsten Kunstelementen, und zwar auch nur mit solchen zusammenschließt, die mit seinem Inhalte in der Darstellung unmittelbar zusammenhängen.

§. 616.

Was nun als wahrer Grund davon erscheinen kann, daß der Festgottesdienst unter einer vollständigen Begleitung der Instrumentalmusik, unter besonderer Thätigkeit der sogenannten Chöre in Aufführung von Oratorien u. s. w. erscheinen soll, das ist nicht abzusehen.

§. 617.

Vielmehr könnte man dem evangelischen Princip gemäß behaupten, daß die Bedeutung des Festgottesdienstes sich in demselben Maaße heben werde, als der Kultus an den Festtagen den einfachsten Charakter der Kunstformen zu bewahren weiß. So kann zum Beispiel an gewissen feierlichen Tagen das Kirchenlied auch ohne Begleitung der Orgel gesungen werden.

§. 618.

Wenn solche vermehrte Kultusformen in einer Gemeinde bei andern Gelegenheiten etwas Ungewöhnliches und selten Vorkommendes sind, so lassen sich von ihrem Erscheinen im Festkultus wohl wesentliche Nachtheile für die Erbauung, niemals aber Vortheile für dieselbe nachweisen.

§. 619.

Die allgemeinen hohen Feste des christlichen Jahres haben, nach Analogie der geschichtlichen Epochen überhaupt, eine Zeit vor sich, in welcher sie eingeleitet werden, und unmittelbar auch eine Zeit hinter sich, in welcher ihre Nachwirkungen erscheinen.

§. 620.

Sowohl die Zeit, welche das Fest einleitet, als auch die Zeit der Nachwirkung, nehmen den Charakter des Festlichen an sich, und unterscheiden sich, sowohl im Hinblick als im Rückblick auf das Fest, von dem ganz unbestimmten Gottesdienste.

§. 621.

Im Gottesdienste, welcher sich in der Zeit vor dem Feste als Hinweisung auf die festliche Zeit zu erkennen giebt, wird die Bedeutung des vorstehenden Festes an den Momenten der religiösen Betrachtung hervorzuheben, und im Element des Gedankens für das religiöse Bewußtsein der Gemeinde zu entwickeln sein.

§. 622.

Im Gottesdienste, welcher in der Zeit nach dem Feste als Nachwirkung desselben sich zu erkennen giebt, werden die höchsten religiösen Momente, von welchen die Gemeinde erfüllt war, noch die Grundlage bilden, auf welcher die religiöse Betrachtung ruhend nun wiederum in die Besonderung der religiösen Momente und ihre Entfaltung am christlichen Leben zurückgeht.

§. 623.

Die durch die bestimmte religiöse Erregung der Gemeinde und durch ihr kirchliches Bewußtsein vermittelte, festliche Darstellung wird nicht denselben Schwierigkeiten unterliegen, als die ganz unbedingte Darstellung, auf welche die Gemeinde in ihrem religiösen Bewußtsein nicht vorbereitet erscheint.

§. 624.

Für den festlichen Gottesdienst belebt der Geistliche den Inhalt seines religiösen Lebens am meisten durch den Inhalt des religiösen Selbstbewußtseins der Gemeinde; in der unbedingten Darstellung muß er überwiegend in einer erhöhten Selbstthätigkeit und in Freiheit den religiösen Inhalt aus seiner eignen religiösen Erfahrung produciren.

§. 625.

Wenn aus diesem Grunde, nämlich um die religiöse Produktion im Kultus lebendiger zu machen, die Neigung entstehen könnte, die unbedingte Darstellung wo möglich in eine bedingte zu verwandeln, so wäre dies doch nur von der Ansichtsweise aus zu rechtfertigen, die überhaupt in die unbedingte Darstellung im Kultus nicht denselben positiven Werth setzt, als wir es gethan haben.

§. 626.

Die Tendenz, ein für alle Mal bestimmte Texte, in einer unveränderlichen und nach der Idee des Kirchenjahres entworfenen Reihe, den religiösen Betrachtungen zum Grunde zu legen, beruht auf jener Neigung. Sie läßt sich aber in dieser unabänderlichen Wiederholung nicht rechtfertigen.

§. 627.

Was als Vorbereitung im Gesang und Gebet für die unbedingte Darstellung im Kultus erscheinen kann, und was zu diesem Behufe in der Einleitung der religiösen Betrachtung selbst hervortritt, kann das nie ersetzen, was als Vorbereitung auf den Festgottesdienst in dem religiösen Selbstbewußtsein der Gemeinde unmittelbar gegeben ist.

§. 628.

Wenn es religiöse Reden giebt, in welchen sich ohne Introitus das Thema sogleich ankündigen kann; und wiederum religiöse Reden, in welchen ein solcher Introitus, sogar durch Gesang von der Predigt getrennt, als Einleitung erscheint, so eignen sich jene überwiegend für die bedingte Darstellung, diese für die unbedingte.

§. 629.

Die unbedingte Darstellung tritt überwiegend in derjenigen Zeit des Kirchenjahres hervor, in welcher der Festcyklus als beendiget erscheint; diese Zeit umfaßt das Gebiet der Trinitatis-Sonntage.

§. 630.

Wenn vorausgesetzt werden kann, daß ohne Unterbrechung dieselben Mitglieder der Gemeinde auch jeden Sonntag erscheinen, so kann höchst zweckmäßig ein ganzer Cyklus von religiösen Betrachtungen nach einer bestimmten Einheit hin zur Darstellung kommen, und es würde dem Mangel der unbedingten Darstellung durch das in der Gemeinde hervorgerufene Bewußtsein von jener Einheit abgeholfen.

§. 631.

Wo, wie auf dem Lande, die Theilnahme am öffentlichen Gottesdienste unter die Glieder der Familie sich zertheilt, würde eine solche zusammenhängende Darstellung die beabsichtigte Wirkung keineswegs in der Gemeinde hervorbringen;

und es bleibt in solchen Fällen ein sehr zweckmäßiges und sicheres Mittel, in einer besondern Einleitung auf die Einheit der Predigt hinzuweisen.

§. 632.

Was der bedingten Darstellung im Festgottesdienste am nächsten steht, sind die kirchlichen Feiertage, nämlich der Anfang des bürgerlichen Jahres und das Erntefest.

§. 633.

An sich betrachtet gehören beide Feste dem bürgerlichen Leben an; aber da Alles, was dem allgemeinen Gebiet des Lebens sich entwickelt, in dem religiösen Element erst seine Wahrheit und Sittlichkeit erhält, so auch schließt sich, was an jenen Tagen aus dem Bewußtsein des natürlichen Lebens hervorgeht, mit dem religiösen Selbstbewußtsein zusammen, und gestaltet sich in der besondern religiösen Auffassung und Darstellung zur christlich kirchlichen Feier.

§. 634.

In noch unmittelbarer Beziehung zur bedingten Darstellung steht der allgemeine Buß- und Bettag, der, was in der Beichthandlung nur in einer engern Gemeinde geschehen konnte, das Bewußtsein der Sünde und Erlösungsbedürftigkeit, in der ganzen Gemeinde, und in diesen zugleich in der ganzen Kirchengemeinschaft zur Darstellung bringt.

§. 635.

Eben so schließen sich an den bedingten Gottesdienst an die Sieges- und Friedensfeste, die aber schon im Uebergange zum Gebiet der casuellen Darstellung im Kultus stehen.

§. 636.

Es kann nämlich im Leben der christlichen Gemeinde mancherlei sich ereignen, wodurch ihr religiöses Bewußtsein auf besondere Weise erregt wird, und die religiöse Darstellung hierin einen bedingten Charakter annimmt, der für den Cyklus des Kirchenjahres ein ganz zufälliger sein kann. Solche besondere Veranlassungen können theils partiell, theils total sein.

§. 637.

Der bedingte Gottesdienst nimmt alsdann die Natur des Kasuellen an, in dem dasjenige, was zu diesem Gottesdienste die Veranlassung wurde, nicht als in der Regel, sondern als besonderer Fall gesetzt erscheint.

§. 638.

Zum casuellen Gottesdienst gehören auch diejenigen Gebiete des Kultus, die wir früher schon in ihrer Besonderung kennen gelernt haben, die eheliche Einsegnung und das Begräbniß, die Ordination und die Installation.

§. 639.

Der Kultus des Abendmahls schließt sich überwiegend an die bedingte Darstellung des Festgottesdienstes an, und trägt für Jeden, der daran Theil nimmt, einen festlichen und feierlichen Charakter.

§. 640.

Im casuellen Gottesdienst ist zwar durch den bestimmten Fall die Empfänglichkeit der Theilnehmenden und die Selbstthätigkeit des Geistlichen eine bestimmte und bedingte, aber doch nur so, wie der bestimmte Fall mit dem religiösen Element erst zu vermitteln und zusammenzuschließen ist.

§. 641.

Im Festgottesdienst dagegen ist es die unmittelbare und lebendige religiöse Lebenseinheit, in welcher alle Besonderung untergegangen und welche die beziehungslose Offenbarung und Darstellung selbst geworden ist.

§. 642.

Der casuelle Gottesdienst muß die Vermittelung mit dem religiösen Element im feierlichen Charakter vollziehen, die casuelle Darstellung zur festlichen erheben, und hierdurch wird die casuelle Darstellung die schwierigste, und nimmt am meisten die Selbstthätigkeit des Geistlichen in Anspruch.

§. 643.

Die Hauptaufgabe welche hier besonders vom religiösen Redner zu lösen ist, ist die, daß er den besondern Fall im Lichte des religiösen Elements zu erklären weiß; und daß er in dieser höchsten Einheit seines wahrhaft religiösen Lebens dennoch in der größten Lebendigkeit der individuellen Besonderung erscheint.

§. 644.

Weil der besondere Fall immer zugleich in der Religion fremdartigen Interessen erscheint, so kann der religiöse Redner sehr leicht darin fehlen, daß er in diesen der Religion an sich fremdartigen Interessen das wahrhaft religiöse Element verliert, und eine Darstellung bewirkt, die in Beziehung auf die Würde des christlichen Kultus trivial erscheinen muß.

§. 645.

Weil das religiöse Element an sich nur durch eine Vermittelung, die keineswegs immer zugleich aus dem besondern Falle abgeleitet werden kann, in das Individuelle sich herabsenkt, und es in sein allgemeines Gebiet hineinzieht, so ist ein nicht ungewöhnlicher Fehler des religiösen Redners, daß er vom Standpunkt des allgemeinen religiösen Elements zwar richtig, aber nicht angemessen zum besondern Falle spricht.

§. 646.

Auch die liturgische Thätigkeit des casuellen Gottesdienstes unterliegt besondern Regeln, und sowohl das Kirchenregiment, welches in den meisten Fällen die Gebete und Formeln entwirft, als auch der Liturge, sofern er Gebete in eigner Freiheit und Darstellung zu entwerfen und darzustellen hat, werden ihre Aufgaben auf dem casuellen Gebiete um so richtiger lösen, je mehr sie in einem richtigen Gefühl, das individuell religiöse Element mit dem allgemein kirchlichen zusammenzuschließen verstehen.

---

§. 647.

Die zeitliche Einheit des Jahrescyklus erscheint nach dem Vorhergehenden in folgenden Momenten:

**A.** Die allgemeinen hohen Feste mit den sie umschließenden heiligen Zeiten der Vorbereitung und der Nachwirkung.

**B.** Die besondern festlichen Zeiten als: der Buß- und Bettag, der Jahresanfang, die Erntefeier, und die geschichtlichen Gedenktage der Sieges- und Friedensfeier.

**C.** Die ganz unbedingte Darstellung im Sonntagsgottesdienste.

**D.** Die casuelle Darstellung, in welche theils der unbedingte Gottesdienst am Sonntag übergehen kann, oder welche auch als Kultus für sich hervortritt.

§. 648.

Wie in diesem Cyklus das religiöse Leben der Gemeinde in seiner Totalität sich bewegt, so auch muß sich in demselben bewegen die Selbstthätigkeit des evangelischen Geistlichen; und alle Elemente des Gottesdienstes treten nur in dieser höhern Einheit zugleich in ihrer besondern Einheit als wahrhaft religiöse Lebenselemente hervor, und werden so in ihrer Totalität die fortgesetzte Offenbarung des christlich religiösen Lebens selbst.

§. 649.

Je weniger der Geistliche in dieser Einheit des christlichen Kirchenjahres mit Bewußtsein sich bewegt, desto zufälliger erscheinen ihm die Ordnungen der Kirche, desto ungewisser und erfolgloser wird seine ganze Thätigkeit.

---

# Zweiter Theil.

# Die besondern Theorieen der Kultus-Elemente.

## I. Die Theorie der religiösen Rede.

§. 1.

In der Theorie der Predigt kommt in Betracht, erstens das, was sie als religiöse Thätigkeit an sich ist, zweitens, wie sie in der Fortbewegung ihres Inhalts Erscheinung wird, drittens, wie sie in ihrer Erscheinung mit den andern Kultusformen zur höchsten organischen Einheit sich zusammenschließt.

### Erster Abschnitt.

### Die Predigt, was sie als religiöse Thätigkeit an sich ist.

§. 2.

Der Begriff der Predigt ist §. 300 im Allgemeinen schon gefunden als diejenige religiöse Lebendigkeit des christlich religiösen Selbstbewußtseins, welche zugleich als Thätigkeit des religiösen Gedankens die im religiösen Selbstbewußtsein des Christen bewegten zeitlichen Momente auf das Gottesbewußtsein zurückführt, und mit seiner Einheit sie zusammenschließt.

§. 3.

Dieser Begriff wurde dort gesucht, um die Predigt in ihrem eigenthümlichen und besondern Moment den übrigen Kultuselementen des Gebetes und Gesanges gegenüber aufzufassen; dieser Begriff ist nun in den Momenten, auf welchen seine Einheit beruht, näher auseinanderzusetzen.

§. 4.

Es schließt aber dieser Begriff ein Dreifaches in sich, nämlich das Gottesbewußtsein, welches die wahrhaft religiöse Lebendigkeit des religiösen Selbstbewußtseins ist; das Selbstbewußtsein, wie es an den zeitlichen Momenten des menschlichen Bewußtseins überhaupt sich manifestirt; und endlich die aus der Einheit beider hervorgehende, bewußte Thätigkeit des religiösen Gedankens.

## a. Die religiöse Rede in ihrem ersten Moment des Gottesbewußtseins.

§. 5.

Das religiöse Selbstbewußtsein der Gemeinde im Kultus hat seine Lebendigkeit in der absoluten Einheit des Gottesbewußtseins §. 35, und tritt darin auch jenes Bewußtsein zeitlicher Momente hervor, so sind sie doch hier ohne irgend eine andere Vermittelung in der absoluten Vereinigung mit dem Gottesbewußtsein aufgegangen.

§. 6.

Das Gottesbewußtsein ist nicht bloß das Bewußtsein von Gott, sondern es ist das durch den Sohn Gottes gewordene göttliche Wissen und Bewußtsein in uns selbst, das sich in der Form unsers Selbstbewußtseins zum lebendig religiösen Lebensmoment gestaltet.

§. 7.

Wie dieses Gottesbewußtsein in Christo in seiner absoluten Reinheit und Kräftigkeit vorhanden war, so daß die Kräfte des sinnlichen Bewußtseins immer auch ganz in seinem Dienst standen, so sollen auch alle diejenigen, die an ihn glauben, diese belebenden Kräfte des Gottesbewußtseins von ihm empfangen, und alle andern Bewegungen ihres sinnlichen Bewußtseins auf dasselbe zurückführend sollen sie in Christo ein neues Leben führen.

§. 8.

Das Gottesbewußtsein an sich ist zwar ein und dieselbe göttliche Kraft und Macht an uns, aber in der Identität mit unserm Selbstbewußtsein zeigt es sich nach der objektiven Seite als göttliches Wissen und Erkennen, nach der subjektiven Seite unsers Gefühls als der absolut göttliche Quellpunkt unsers religiösen Empfindungs- und Gefühlslebens, nach der thätigen Seite unsers Willens als der göttliche Wille selbst.

§. 9.

Wirkt das Gottesbewußtsein in uns das göttliche Wissen und Erkennen, so sind wir die wahrhaft Erleuchteten, die jeden Irrthum in der geoffenbarten Wahrheit überwunden haben, und für die es keiner höhern Erkenntniß, als die Erkenntniß Gottes selbst ist, mehr bedarf.

§. 10.

Wirkt das Gottesbewußtsein in uns die religiöse Lebendigkeit im Gefühl, so sind wir im Zustande der Beseligung, in welchem das göttliche Leben selbst unser Leben ist.

§. 11.

Wirkt das Gottesbewußtsein in uns den göttlichen Willen, so sind wir im Zustande der Heiligung, und bringen alle sonst natürlichen Kräfte auf die Potenz eines höhern Lebens zurück.

§. 12.

Je nachdem, nach der individuellen Natur des Menschen, seine religiöse Receptivität überwiegend in der Kraft des Verstandes, des Gefühls oder des Willens den Ursprung ihrer Belebung hat, tritt auch die religiöse Thätigkeit des Gottesbewußtseins in einem dieser Momente überwiegend hervor.

§. 13.

Hat aber der religiöse Moment wirklich in dem Gottesbewußtsein seinen Ursprung und Quellpunkt, so wird in der absoluten Einheit seiner Kraft in jedem jener Momente auch der ganze Inhalt des religiösen Lebens in seiner absoluten Lebendigkeit mit umfaßt; und ein Isoliren des religiösen Moments hierauf zu begründen, und es mit der Individualität der menschlichen Natur zu entschuldigen, hebt die Einheit in der Wirkung des Gottesbewußtseins auf.

§. 14.

Die Einheit des göttlichen Lebens im Gottesbewußtsein tritt im religiösen Selbstbewußtsein in die Besonderung der zeitlichen Momente und in die individuellen Kräfte der menschlichen Natur, aber sie offenbart sich in dieser Mannigfaltigkeit doch immer als eine und dieselbe, Alles in einem göttlichen Leben zusammenschließende Einheit.

§. 15.

In dieser Mannigfaltigkeit und Besonderung der menschlichen Natur lag auch der Grund von der Vielheit der im Kultus erscheinenden Darstellungsformen.

§. 16.

Die Predigt wurde in dieser Rücksicht so aufgefaßt, daß das religiöse Leben in ihr sich manifestirt als im ununterbrochenen Momente der Erleuchtung.

§. 17.

Weil in der Predigt der ganze Inhalt des natürlichen Lebens auf den Grund des religiösen und wahrhaften Lebens zurückgeführt, und mit ihm zu einem göttlichen Sein zusammengeschlossen wird, und weil es hierzu überwiegend der Bewegung und Vermittelung im Element des Gedankens bedarf, so hat die Erleuchtung als lebendiger Anfang und Fortgang der Predigt hierin ihren Grund.

§. 18.

Was aber in jedem Moment der Predigt als Erleuchtung erscheint, ist, obgleich es an die vermittelnde Thätigkeit des religiösen Gedankens gebunden ist, zugleich der Grund von der ununterbrochenen religiösen Lebendigkeit und Sättigung im Gefühl, und von der von beiden ausgehenden religiösen Kraftentwickelung in der Heiligung.

§. 19.

Ist in der Predigt demnach die Erleuchtung das Element ihres ganzen Verlaufs, so ist sie dies nur, insofern sie ihren Quellpunkt zugleich hat in der religiösen Lebendigkeit des Gefühls, und insofern der religiöse Gedanke in ihr zugleich ist die Entwickelung des Lebens in der Heiligung.

§. 20.

Man hat in Beziehung auf jene ursprüngliche Verschiedenheit der religiösen Receptivität gesagt, daß je nachdem im Prediger selbst jene Receptivität entweder in der überwiegenden Lebendigkeit des Verstandes, des Gefühls oder des Willens ihren lebendigen Anfangspunkt nimmt, die Predigten auch in demselben Grade überwiegend erbauen, entweder in der Klarheit der Begriffe, oder in der Rührung des Gefühls, oder in der Erkräftigung des Willens.

§. 21.

Eine Predigt, die sich rein auf dem Standpunkte einer dialektischen Gedankenentwickelung vollbrächte, ohne zugleich ein lebendiger Inhalt in der Einheit des Gefühls und Willens zu sein, würde das Element der Erbauung nicht in sich tragen, und auch in dieser Besonderung keine religiöse sein.

§. 22.

Eine Predigt, die nur in der absichtlichen Rührung des Gefühls sich fortbewegte, würde die sinnliche Substanz der Empfindung in Bewegung setzen, und in dieser Trennung von der Erleuchtung und Heiligung dem religiösen Element sich entgegensetzen.

§. 23.

Geht die Predigt als religiöse Thätigkeit von dem Quellpunkt und Inhalt des Gottesbewußtseins aus, so muß man sagen, daß der Glaube an den Erlöser, der uns jenen Inhalt mittheilt, die nothwendige Voraussetzung für die Predigt ist.

§. 24.

Ohne den Glauben an den Erlöser kann kein Moment des religiösen Lebens ein christlicher sein, folglich kann auch die Predigt ohne den Glauben keinen christlichen Inhalt haben.

§. 25.

Wie die religiöse Thätigkeit der Predigt auf der Voraussetzung des Glaubens an den Erlöser beruht, so erweckt auch die Predigt, als das durch den heiligen Geist lebendig gewordene Wort, wiederum den Glauben an den Erlöser, und in sofern kann man auch sagen, daß der Glaube aus der Predigt kommt.

§. 26.

Der Inhalt des Glaubens an den Erlöser ist selbst die göttliche Lebenssubstanz in uns, als solche ist sie aber eine eben so ewig unmittelbar gegenwärtige als ewig vermittelte.

§. 27.

Die ewig gegenwärtige Lebenssubstanz ist sie in der ewigen Gegenwart des Vaters in dem Sohne, die ewig vermittelte ist sie durch die Erscheinung des Sohnes im Fleisch und in der Zeitlichkeit.

§. 28.

Die Erscheinung des Sohnes im Fleisch ist die That der Erlösung; so als diese That ist sie jedem in seinem Gottesbewußtsein gegenwärtig, wie sie es war in ihrem Ursprunge, und wie sie es für alle Geschlechter ewig sein wird.

§. 29.

Weil aber in der Zeit die sinnlichen Potenzen des niedern Lebens, das religiöse Bewußtsein in der menschlichen Gattung verdunkeln, so ist mit Recht die Vermittelung der Erlösungsthat in ihren Ursprung d. i. in das Wort der heiligen Schrift gesetzt.

§. 30.

Das Wort aber ist in der Gemeinschaft der Gläubigen nicht das todte Wort, sondern es ist das durch den heiligen Geist, welcher das über alle Zeitlichkeit erhaben und ewig wirkende Princip ist, belebte Wort.

§. 31.

Erscheint die Erlösungsthat so durch das Wort vermittelt, und ist der persönliche Erlöser von dem Worte, welches er selbst genannt wird, nicht zu trennen, so beruht auch die religiöse Thätigkeit der Predigt auf dem Worte.

§. 32.

Es ist also einerlei zu sagen, der Inhalt der Predigt ist die göttliche Substantialität des Gottesbewußtseins, oder der lebendige Glaube an den Erlöser, oder das Wort Gottes. Jedes nun wird gesagt nach einer andern Vermittelung hin, welche, obwohl verschiedenartig, doch wieder in sich gleich ist.

§. 33.

Beruht die Lebendigkeit des Wortes auf dem alles bildenden und belebenden Princip des heiligen Geistes, so wird hiermit auch für die Wirkung des heiligen Geistes der ganze Umfang der Erlösungsthat, aber in seinem allgemeinen Momente, als Heiligung in der zeitlichen Erscheinung gesetzt.

§. 34.

Auch in Zeiten, in welchen das göttliche Leben überwiegend zurückgedrängt erscheint, muß dieser Umfang irgendwie in seiner lebendigen Totalität gesetzt sein, und was solcher Umfang an seiner Extension in solchen Zeiten verliert, kann er in seiner Intension gewinnen.

§. 35.

Dieser Umfang der göttlichen Wirksamkeit des heiligen Geistes ist das Reich Gottes, und so kann man auch insofern den ganzen Inhalt der Predigt zurückführen auf die im Worte sich kund gebende Wirksamkeit des heiligen Geistes, und auf dessen Werk, welches das gewordene und werdende Reich Gottes auf Erden ist.

### b. Der Inhalt der religiösen Rede in dem Moment des Selbstbewußtseins.

§. 36.

Das Gottesbewußtsein erscheint für uns nicht anders vermittelt als in unserm religiösen Selbstbewußtsein; wie dieses aber an den Momenten des Bewußtseins sich überhaupt nur entwickeln kann, so wird der Inhalt des Gottesbewußtseins auch erst in dieser Vermittelung ein wirklicher Inhalt des religiösen Lebens.

§. 37.

Im religiösen Selbstbewußtsein ist zugleich das Wissen der zeitlichen Momente und das sinnliche Bewußtsein mit eingeschlossen; dieses Wissen zeigt uns, was der Wahrheit des Gottesbewußtseins in uns nicht entspricht, und ist so das Wissen von dem Zustande, in welchem wir uns ohne das Gottesbewußtsein befinden, so wie das Wissen von der Ohnmacht und Kraftlosigkeit, in der wir nicht thun, was das Gottesbewußtsein von uns fordert.

§. 38.

Dieses Wissen, in welchem wir uns in diesem zeitlichen Momente in Beziehung auf das Gottesbewußtsein wahrnehmen, ist demnach das Bewußtsein davon, daß unsere That die That der Sünde ist.

§. 39.

Alle Zustände und Thätigkeiten, welche den Moment des zeitlichen Lebens bilden, beruhen auf Aeußerungen natürlicher Kräfte, deren Inbegriff die Welt bildet; wie aber alle natürlichen Kräfte das Sündhafte an sich nicht sind, sondern wie sie das Sündhafte nur werden durch die That der Sünde in uns, so haben wir in jenem Bewußtsein auch das Wissen, daß wir alle Zustände und Thätigkeiten, die aus den Gesammtäußerungen natürlicher Kräfte hervorgehen, auf die absolute Kraft des Gottesbewußtseins zurückführen sollen.

§. 40.

Die Gemeinde ist in diesem Wissen die wahrhaft gläubige Gemeinde; in der Erlösung, so durch Christum geschehen ist, findet sie ihre Entsündigung, und in den göttlichen Gnadenkräften, so durch Christum mitgetheilt werden, findet sie den Grund ihrer Heiligung.

§. 41.

In beiden, in der Entsündigung und Heiligung, offenbart sie sich im Kultus als die Gemeinde Gottes. In jener tödtet sie das sündhafte Wesen, in dieser bringt sie das neue Leben ans Licht; in beiden schließt sie den zeitlichen Moment, wie er nichts an und für sich sein soll, mit dem Gottesbewußtsein zusammen.

§. 42.

In diesem religiösen Selbstbewußtsein, das sich ganz mit dem Gottesbewußtsein erfüllen will, findet sich die Gemeinde nicht bloß in ihrer religiösen Receptivität, sondern zugleich auch und eben so sehr in ihrer religiösen Selbstthätigkeit.

§. 43.

Sie will sich den Kräften des Gottesbewußtseins unmittelbar hingeben, das ist ihre religiöse Receptivität; sie will sich diese Kräfte in ihrer größten Lebendigkeit auch aneignen, das ist ihre religiöse Spontaneität.

§. 44.

In dieser Empfänglichkeit und Selbstthätigkeit sind alle Glieder der Gemeinde einander gleich, und auch bei denen, in welchen der Glaube noch nicht zum Leben gekommen ist, muß doch in Gemäßtheit der menschlichen Natur beides in irgend einem Grade vorausgesetzt werden.

§. 45.

In dieser Gleichheit der religiösen Empfänglichkeit und Selbstthätigkeit der Gemeinde hat die Predigt sowol ihren lebendigen Anfangspunkt, als zugleich die Vielheit aller ihrer Entwickelungsmomente.

§. 46.

Die That der Sünde zeigt sich auf allen Punkten des Lebens in ihrer zerstörenden Macht, und in dieser Mannigfaltigkeit und Verschiedenheit, in welcher die Gemeinde der Sünde sich bewußt wird, soll die Predigt in der Kraft der göttlichen Gnade, welche von Christo ausgegangen ist, die Macht der Sünde aufheben.

§. 47.

Die Macht der Sünde ist zwar eine und dieselbe böse Macht, welche in der Entfernung von Gott als Egoität in dem Menschen hervorbricht; als wirkliche That aber hat sich die Sünde nach den verschiedenartigsten Naturbedingungen des Lebens modificirt, und jeder fühlt ihre Macht auf besondere Weise, und will so in dieser Erfahrung sich ihrer Macht entwinden.

§. 48.

Die Predigt muß demnach auf allen Punkten, auf welchen die Macht der Sünde im Menschen hervorbricht, die versöhnende Kraft der Erlösung ihr entgegen setzen, und das Verlangen nach ihrer Befreiung, wie es in der Gemeinde als in der Vielheit der Erfahrung gesetzt ist, befriedigen.

§. 49.

Die absolut Sünde tilgende Kraft beruht auf dem Versöhnungstode des Erlösers; in der christlichen Predigt ist daher die Verkündigung des Versöhnungstodes das Centrum nach dieser Seite hin, und darin zeigt die Predigt ihren priesterlichen Charakter.

§. 50.

In jeder christlichen Gemeinde ist der Glaube an den Versöhnungstod auch nothwendig vorauszusetzen; sie hat ihn in seiner ewigen Wahrheit sowohl in dem Worte als in der Kirchenlehre in ihr Selbstbewußtsein aufgenommen, als auch seine erlösende Kraft in der eignen Erfahrung wahrgenommen.

§. 51.

Haben Einzelne in der Gemeinde diesen Glauben nicht, so gehören sie nicht zur wahrhaften Gemeinde: aber so fern sie sich noch dem christlichen Kultus anschließen, sollen sie durch die Predigt für diesen Glauben erweckt werden.

§. 52.

Hat aber der Prediger diesen Glauben nicht, so ist er unfähig, das versöhnliche Element und die höchste Kraft der Liebe auf christliche Weise in der Predigt zur Darstellung zu bringen.

§. 53.

Hat so die religiöse Thätigkeit der Predigt in Beziehung auf das Verlangen der Gemeinde ihre Vielheit darin, daß sie durch das Wort der Versöhnung der Sünde auf allen Punkten ihrer zerstörenden Macht die erlösende Kraft entgegensetzt, so hat sie eben so sehr ihre Vielheit auch darin, daß sie auf allen Punkten, wo es gilt Kräfte zu entwickeln, diese nach dem Zwecke des Reiches Gottes entwickelt und leitet.

§. 54.

Die Gemeinde hat das Bewußtsein davon, daß alle natürlichen Kräfte des Lebens für sich selbst nichts sind, und daß sie für alle Momente ihres Lebens immer der göttlichen Kraft bedarf, um den wahrhaften Moment ihres Lebens zu erreichen.

§. 55.

In der Gemeinde ist also das Leben, das von Gott in Christo ihr geoffenbart und geschenkt worden ist, vorauszusetzen, und auf die Kräfte dieses höhern Lebens göttlicher Gnade hat die Predigt Alles zurückzuführen, was sich für sich und in natürlicher Kraft geltend machen will.

§. 56.

Haben Einzelne in der Gemeinde die Erfahrung von diesem höhern Leben nicht, so soll die Predigt durch die Verkündigung desselben es in ihnen wecken, und das Verlangen darnach hervorrufen. Sie kann dies aber nur insofern, als sie dies Leben als ein wirkliches und durch die Erfahrung schon in der Gemeinde gegebenes voraussetzt.

c. Der Inhalt der Predigt im Momente der darstellenden Thätigkeit des Gedankens.

§. 57.

Setzt sich der Inhalt der Predigt als Inhalt des Gottesbewußtseins oder als Glaube, und schließt sich dieser Inhalt mit den Momenten des religiösen Selbstbewußtseins der Gemeinde zusammen, so ist er hierin noch ein Inhalt an sich, und die religiöse Thätigkeit der Predigt, ist so aus diesem Inhalt herkommend, und darin innerlich sich bewegend, noch nicht die gewordene Thätigkeit der religiösen Darstellung.

§. 58.

Daß dieser Inhalt ein lebendiger ist, ist seine Bewegung in sich selbst; da er aber als solcher lebendiger Inhalt auch das Princip seiner Manifestation in sich trägt, so wird seine innerliche Lebendigkeit eine Selbstdarstellung, welche an ein Medium der Vermittelung in der menschlichen Natur gebunden ist.

§. 59.

Dieses Medium ist das menschliche Wort des Redners, wie es seinem wahren Wesen nach aus der Thätigkeit des religiösen Gedankens in ihm herkommt, aber auch eben so wesentlich in unserer Natur, als denkender Wesen, überhaupt organisirt erscheint.

§. 60.

Ohne diese vermittelnde Thätigkeit des Denkens und Sprechens, durch die in unsrer Natur niedergelegten geistigen und leiblichen Organe, könnte die religiöse Rede kein sich manifestirendes Element des Gottesdienstes werden.

§. 61.

Die Denkthätigkeit in der Identität mit der menschlichen Sprache ist das Darstellungselement der Predigt, das niemals wie es an sich erscheint, sondern wie es der Moment einer Kunstthätigkeit ist, an der Predigt sich manifestiren darf.

§. 62.

Ist das Gottesbewußtsein in der Identität mit den Momenten des religiösen Selbstbewußtseins der Gemeinde das christliche Element in der Predigt, so ist jene Kunstthätigkeit in der Fortbewegung des religiösen Gedankens durch den Ausdruck der Sprache das oratorische Element der Predigt.

§. 63.

Das Oratorische der Predigt ist nicht ein Inhalt an und für sich, oder ein zur Predigt fremdartig Hinzukommendes, sondern das Oratorische hat seinen Begriff im Christlichen, und ist die durch die in der menschlichen Natur niedergelegten Media fortgesetzte Bewegung desselben.

§. 64.

Wie nämlich überhaupt ein Inhalt der Kunstthätigkeit, wie er an und für sich erscheint, im Kultus niemals zur Erscheinung kommen kann, so auch insbesondere das Oratorische niemals in der Predigt.

§. 65.

Die vermittelnde Thätigkeit des Gedankens, welche allen Inhalt des Gottesbewußtseins mit dem Selbstbewußtsein zusammenschließt, ist das christlich religiöse Denken selbst, wie es aber zugleich als menschliche Thätigkeit formbildend und darstellend erscheint.

§. 66.

Findet sich der Prediger in der Thätigkeit seiner Predigt so in diesem christlich religiösen Denken, so läßt er darin nicht sein Wort als menschliches Wort, sondern sein Wort als das Wort Gottes walten; oder, was dasselbe ist, nicht er selbst in seiner Subjektivität bewegt sich in diesem Inhalt, sondern der

Geist Gottes ist das Princip seiner Bewegung im religiösen Gedanken.

§. 67.

Insofern seine Rede aber zugleich der religiöse Inhalt durch natürliche Organe vermittelt ist, ist seine Thätigkeit als religiöse zugleich auch eine wahrhaft menschliche.

§. 68.

Die menschliche Thätigkeit ist also in der Predigt nicht unterdrückt, vielmehr ist sie in das Leben des religiösen Gedankens hineingezogen, und so, in der Identität dieses Innerlichen, ist das oratorische zugleich das christliche Element.

§. 69.

Das Oratorische wird und kann sich daher in der Predigt niemals anders geltend machen wollen, als in derjenigen Entäußerung und Einfachheit, in welcher es wie vom religiösen Inhalt durchdrungen und erfüllt, so ihm auch dienstbar wird.

§. 70.

Im Oratorischen, wie es als die durch den Gedanken und den sprachlichen Ausdruck den religiösen Inhalt vermittelnde Thätigkeit erscheint, beruht die unendliche Vielheit der Predigt.

§. 71.

In dieser vermittelnden Gedankenthätigkeit, innerhalb deren das oratorische Element den religiösen Inhalt des Gottesbewußtseins in der Vielheit aller Lebensmomente zur Darstellung bringt, zeigt sich überwiegend die individuelle Thätigkeit des religiösen Redners, so wie seine auf diese sich gründende Freiheit und individuelle Erfahrung.

§. 72.

Wie jede menschliche Thätigkeit überhaupt auf dem individuellen Elemente der menschlichen Natur mit beruht, so auch erscheint die oratorische Thätigkeit als individuelle Lebendigkeit des religiösen Redners.

§. 73.

Ohne daß das religiöse Element zugleich in individueller Persönlichkeit sich entwickelte, könnte es die Vielheit aller individuellen Lebenselemente nicht durchdringen und mit seiner belebenden Kraft erfüllen.

§. 74.

Die religiöse Empfänglichkeit der Gemeinde befindet sich im Kultus zwar als in der Richtung auf die Objektivität des religiösen Inhalts, aber in Beziehung auf die Darstellung dieses Inhalts durch die Predigt erscheint sie zugleich als individuell selbstthätig nach der Art, wie der Prediger den religiösen Inhalt auf individuelle Weise und in eigner Freiheit für sie vermittelt.

§. 75.

Das Oratorische ist demnach in der religiösen Rede zugleich individuelle Thätigkeit, und hierin allein beruht der Grund, warum Predigten sich individuell gestalten, ohne dem christlichen Elemente Abbruch zu thun.

§. 76.

Erscheint die individuelle Thätigkeit als ein nothwendiges Element der Predigt, so ist es doch keinesweges ein dem objektiven Inhalt derselben entgegengesetztes.

§. 77.

Es tritt vielmehr das individuelle Element in der religiösen Thätigkeit der Predigt nur hervor, um sich in die objektive Allgemeinheit des religiösen Elements mit zu versenken, und so das wahrhaft Individuelle im wahrhaft Allgemeinen zu werden.

§. 78.

Die individuelle Freiheit ist demnach in der Predigt niemals als in der Willkühr gesetzt, vielmehr ist sie in der Nothwendigkeit des göttlichen Inhalts gebunden; eine Freiheit, die sich selbst in dieser Nothwendigkeit nur begreifen will.

§. 79.

Die individuelle Erfahrung des religiösen Redners kann in dieser Freiheit niemals einen beliebigen, von der allgemeinen Erfahrung abgetrennten Inhalt zur Darstellung bringen, sondern sie hebt alle individuellen Elemente für das allgemeine und kirchlich bestimmte Selbstbewußtsein der Gemeinde nur so hervor, um in demselben das wahrhaft Individuelle zu werden.

§. 80.

Zeigt sich demnach überwiegend in der religiösen Thätigkeit der Predigt die individuelle Erfahrung des Geistlichen, und hat sie ihren Grund in dem Oratorischen, so kommt das daher, weil durch dasselbe die Einheit des religiösen Inhalts in der Vielheit aller Momente des Selbstbewußtseins vermittelt werden muß. Diese Vermittelung aber in der Vielheit ist der unter der formbildenden Thätigkeit sich fortbewegende religiöse Inhalt, wie er nicht mehr an sich ist, sondern Darstellung und Erscheinung wird.

## Zweiter Abschnitt.

### Die Predigt, wie sie in der Fortbewegung ihres Inhalts Darstellung und Erscheinung wird.

§. 81.

Der religiöse Inhalt der Predigt, wie er noch an sich ist, ist doch zugleich immer als in der Richtung auf seine Manifestation; und es wird in dieser lebendigen Richtung der religiöse Inhalt zugleich seine Darstellung und Erscheinung im oratorischen Element.

§. 82.

Erst in der Einheit mit diesem oratorischen Element wird der religiöse Inhalt ein für alle vermittelter, das religiöse Element für die Darstellung und Aneignung im Kultus.

§. 83.

Da das oratorische Element, obwohl es sein Leben nicht außerhalb, sondern innerhalb des religiösen hat, dennoch seinem Wesen nach formbildende und künstlerische Thätigkeit ist, so tritt der Geistliche in der Predigt mit Selbstthätigkeit der Gemeinde gegenüber.

§. 84.

Diese seine Selbstthätigkeit ist aber zugleich bedingt von der religiösen Empfänglichkeit der Gemeinde, so wie gebunden an das im kirchlichen Lehrbegriff vermittelte Wort, so daß man sagen kann, der Geistliche ist als Prediger das Organ der Gemeinde.

§. 85.

Da alle Thätigkeit im evangelischen Kultus ihrem Princip nach zurückgeführt werden muß auf die Wirksamkeit des heiligen Geistes, so ist sowohl die Gemeinde als der Geistliche eins in dieser Thätigkeit des heiligen Geistes; aber die Gemeinde ist es überwiegend in der Receptivität, der Prediger überwiegend in der Selbstthätigkeit, und in dieser Hinsicht kann man sagen, Gemeinde und Prediger ergänzen sich zu der wahrhaft religiösen Einheit, und sind das lebendige Organ des heiligen Geistes.

§. 86.

Das Oratorische, wie es als Kunstthätigkeit seinen Inhalt am religiösen Selbstbewußtsein hat, und wie es diesen Inhalt durch die Vermittelung der Rede auf bewußte Weise und durch das Element des Gedankens zur Darstellung bringt, hat wie jede andere Kunstthätigkeit einen dreifachen Moment zu durchlaufen.

§. 87.

Der erste Moment ist der der Urbildung, wo ein bestimmter religiöser Inhalt in einer bestimmten Einheit sich abgrenzt, und in dieser Einheit zugleich eine bestimmte Vielheit wird. Der zweite Moment ist der der Konception, wo dieser Inhalt, wie er in jener Einheit und Vielheit noch an sich gesetzt erscheint, sich als konkreter Inhalt für die Darstellung fixirt; der dritte Moment ist der der Ausführung, wo jener Inhalt in der darstellenden Thätigkeit sich vollendet, und die wirkliche Erscheinung der religiösen Rede wird.

§. 88.

Die künstlerische Thätigkeit des Redners ist in jenem ersten Moment das, was man Meditation nennt, im zweiten Moment die Erfindung oder Amplification, im dritten Moment die oratorische Thätigkeit im engern Sinne des sprachlichen und mimischen Ausdrucks.

### Erster Moment.

## Die Urbildung der Predigt.

§. 89.

Die Urbildung ist als formelle Thätigkeit doch noch ganz eingeschlossen in den religiösen Moment selbst; als solche kommt sie unmittelbar aus dem religiösen Leben her, und ist dieses Leben selbst.

§. 90.

Für die Urbildung wird demnach vorausgesetzt die unausgesetzte religiöse Lebendigkeit des Redners, welche zunächst in ihm selbst das continuirliche Moment seines Lebens sein soll, und für welche er insbesondere die bestimmte Anregung findet sowohl im Kultus selbst, als auch in seinem Verhältniß zur Gemeinde, so wie endlich in seinem beständigen Verkehr mit der Schrift.

§. 91.

Für diesen Moment der Urbildung nur eine gewisse Stimmung vorauszusetzen, oder solche Stimmung durch äußerliche Mittel hervorzurufen, setzt den Anfang einer Predigt, wie er es nicht sein darf.

§. 92.

Ist der Prediger nicht in jener religiösen Lebendigkeit, so kann er in einem andern Zustande die Urbildung nicht beginnen; beginnt er sie dennoch, ohne in jener religiösen Lebendigkeit versirt zu haben, so mangelt der Predigt der eigentliche Lebensmoment, oder der lebendige Anfangspunkt, in welchem allein sie sich fortbewegen und als Predigt vollenden kann.

§. 93.

Sagt man daß der Moment der religiösen Lebendigkeit für den Prediger nicht immer vorauszusetzen ist, sondern daß es eben nur ein günstiger Augenblick sei, wo er sie hat, so räumt eine solche Ansichtsweise den niedern Lebenspotenzen die Gewalt über die höhern ein.

§. 94.

Ist das der Christ, in welchem der Glaube an den Erlöser das alles durchdringende und heiligende Lebensprincip geworden ist, so muß sich der Christ dieses wirksamen Princips auch jederzeit bewußt werden; und steht der Geistliche sogar in dem höhern Berufe den Glauben zu erwecken und seine heiligenden Kräfte zu verbreiten, so ist jene religiöse Lebendigkeit für das geistliche Amt überhaupt schon die allererste und nothwendigste Voraussetzung.

§. 95.

Giebt es dennoch Momente irdischer Zerstreuung im Leben des Geistlichen, so muß sich gerade hierin die Stärke seines Glaubens bewähren, daß er solcher Momente sich leicht zu entschlagen, und in die wahre Heimath seines religiösen Lebens sich zurückzuziehen versteht.

§. 96.

Ist von solchen Momenten der Zerstreuung der Grund die eigne sündhafte Neigung des Geistlichen, so soll er in stetem Bußkampfe gegen sie angetroffen werden, und im beständigen Gebet die göttliche Gnadenhülfe sich aneignen.

§. 97.

Die Urbildung als erster Moment der Predigt hat ihren nähern Anfangspunkt darin, daß in ihr die allgemeine religiöse Lebendigkeit zu einem besondern Inhalt und Moment des religiösen Lebens sich bestimmt und darin abschließt.

§. 98.

Die allgemeine religiöse Lebendigkeit bestimmt sich zum besondern religiösen Moment, 1) durch das Verhältniß des Geistlichen als Seelsorger zur bestimmten Gemeinde, woraus alle religiösen Reden erwachsen, die unter den Begriff des Kasuellen zu bringen sind. 2) Durch die Einheit des Kirchenjahres, in welchem alle Momente der Erlösungsthat zur Darstellung im religiösen Kultus kommen, woraus alle religiösen Reden erwachsen, die den festlichen Charakter an sich tragen. 3) Durch den unausgesetzten Verkehr des Geistlichen, welchen er als Theologe und Geistlicher mit der Schrift hat, woraus alle diejenigen religiösen Reden erwachsen, die den allgemeinen Charakter an sich tragen, und wozu ein anderer Bestimmungsgrund nicht vorhanden ist.

§. 99.

Die vorgeschriebenen Texte können einen Geistlichen zwar in der Idee eines Kirchenjahres leiten, aber der Bestimmungsgrund seiner religiösen Lebendigkeit können sie in keinem Falle werden.

§. 100.

In dem Bestimmungsgrunde der religiösen Lebendigkeit ist die Urbildung noch im Momente ihres Anfanges; grenzt sich aber durch sie ein bestimmter Inhalt in der Richtung auf die Konception ab, so ist sie in ihrem Werden.

§. 101.

In diesem ihrem Werden wird sie bestimmte Einheit, und in dieser und mit ihr zugleich bestimmte Vielheit.

§. 102.

Die Einheit der Predigt ist sowohl der bestimmte religiöse Lebensmoment selbst, von welchem alle belebenden Kräfte ausgehen, als auch die Zusammenfassung aller Momente, an welchen jener religiöse Lebensmoment sich entwickelt und zur Darstellung kommt.

§. 103.

Darin, daß im christlichen Selbstbewußtsein das Bewußtsein aller zeitlichen Momente eingeschlossen ist, liegt der Grund von jener Vielheit, welche durch den religiösen Gedanken in die Einheit zusammengeschlossen werden soll.

§. 104.

Die Einheit, welche den religiösen Lebensmoment bildet, hat ihre Begrenzung im Texte, welcher als Schriftwort jeder Predigt zum Grunde liegt.

§. 105.

Da das Schriftwort schon die durch den heiligen Geist vermittelte Darstellung des christlich religiösen Lebens ist, so ist die Einheit hierin eine objektive und wird nur gefunden dadurch, daß der religiöse Gedanke ganz in den Text sich versenkt, und alle Momente seines Inhaltes in dem Grundgedanken desselben zusammenfaßt.

§. 106.

Je mehr der Geistliche das Schriftwort als das Wort Gottes begriffen hat, und je mehr es in seiner religiösen Wahrheit ihn ergreift, desto sicherer wird der Grundcharakter des Textes in seiner Urbildung hervortreten.

§. 107.

Die Einheit, welche die Zusammenfassung aller Momente der Predigt bildet, hat ihre Begrenzung im Thema, welches ein Satz ist, der alle Momente, die im Lichte jenes durch den Text bestimmten religiösen Moments dargestellt werden sollen, auf die allgemeinste Weise ausdrückt.

§. 108.

Da das, was auf allgemeine Weise ausgedrückt werden soll, im Begriff gefaßt sein muß, so scheint die Urbildung nach dieser Richtung hin eine Begriffsthätigkeit, d. i. eine wissenschaftliche, zu sein.

§. 109.

Da das religiöse Selbstbewußtsein 'nur an den Momenten des menschlichen Bewußtseins überhaupt zur Darstellung kommen kann, und da diese Momente in der Thätigkeit des religiösen Gedankens nicht anders als unter bestimmten Begriffsweisen hervor treten können, so ist die religiöse Thätigkeit der Urbildung hierin allerdings die Gedankenthätigkeit, deren Wesen die Begriffsbildung ist.

§. 110.

In Beziehung auf die religiöse Lebendigkeit, die durch den Text unmittelbar belebt wird, könnte man die Urbildung zurückführen auf eine Thätigkeit des religiösen Gefühlslebens.

§. 111.

Allein da die Thätigkeit des Gefühlslebens zugleich die Thätigkeit des religiösen Gedankens ist, und umgekehrt, so ist in dieser Identität auch der Gedanke das gleich sehr thätige Element in der Urbildung.

§. 112.

Schließt der Satz, welcher das Thema bildet, einen allgemeinen Begriff in sich, und kann das Thema nur unter dieser Form eine bestimmte Vielheit wirklich zusammen fassen, so ist doch dieser Begriff nicht der spekulative, d. i. der in einer wissenschaftlichen Konstruktion gefundene, sondern es ist der Begriff, der seine Wahrheit im religiösen Gedanken unmittelbar ohne wissenschaftliche Operation hat; als solcher ist er dem spekulativen Begriff nicht entgegengesetzt, aber in Beziehung auf die Urspünglichkeit seines Seins und auf seine formelle Produktion ein von ihm unendlich verschiedener.

§. 113.

In der Urbildung treten Text und Thema in die Einheit eines Momentes zusammen, d. i. in der religiösen Lebendigkeit, welche ihre Begrenzung im Texte findet, tritt zugleich der Moment hervor, in welchem der religiöse Gedanke das Eine der religiösen Thätigkeit an dem Vielen der gegebenen Momente zur Darstellung bringen will, und so lange der religiöse Gedanke sich nicht in der Vielheit zu begrenzen angefangen hat, ist auch jene religiöse Lebendigkeit als ein wirklicher Moment in der Richtung auf die Predigt nicht vorhanden gewesen.

§. 114.

Es ist also von beiden kein Anfang für sich zu bestimmen in der Art, daß man sagt, belebe dir erst deinen Text, und dann versuche die Einheit des Themas zu finden, oder umgekehrt, suche dir die Einheit im Thema, und alsdann belebe dir darnach deinen Text.

§. 115.

Ruht in der Einheit des Textes mehr die Objektivität und gebundene Thätigkeit des religiösen Redners, so beruht auf der Fassung des Themas mehr seine subjektive und individuelle Thätigkeit.

§. 116.

Daher kann man auch nach der Einheit, die der Text ausdrückt, objektiv darüber entscheiden, ob biblisch gepredigет wird oder nicht; nach der subjektiven Einheit, die sich in der Fassung des Themas ausspricht, kann man nicht so unbedingt und objektiv entscheiden, ob grade alle und die nöthigen Momente in die Einheit zusammen geschlossen sind.

§. 117.

Regel aber ist in Beziehung auf die subjektive Einheit, daß nicht Momente in die Predigt gezogen werden, die an sich wohl zur religiösen Betrachtung überhaupt gezogen werden können, wozu aber der bestimmte Text keine Veranlassung giebt.

§. 118.

Alles nämlich, was in der subjektiven Einheit zusammengefaßt erscheint, muß, wenn es dann im Einzelnen hervortritt, in der religiösen Lebendigkeit des Textes gegründet, und von ihr durchdrungen erscheinen.

§. 119.

Text und Thema sind also in der Predigt die gewordene Identität eines Subjektiven und Objektiven, d. i. sie sind vollkommen in einander übergegangen, es ist nichts im Thema zur darstellenden Einheit zusammengefaßt, was nicht seine objektive Belebung im Text gefunden hätte, und es ist alles, was im

Text objektiv gesetzt erschien, auf die subjektive Einheit im Thema mitbezogen.

§. 120.

Man kann in der religiösen Rede die Einheit des Textes zur ausschließlichen machen, und alsdann nur die Momente der Vielheit an ihr entwickeln; und man kann die Einheit des Themas zur ausschließlichen machen, und die Vielheit unmittelbar aus dieser ableiten.

§. 121.

Wenn man einen solchen Text wählt, der in sich selbst eine solche Einheit trägt, daß sich eine bestimmte Vielheit von Momenten als ein Ganzes daraus entwickeln läßt, so entsteht nach jenem erstern Verfahren die Homilie.

§. 122.

Wenn man ganz von der Einheit, die eine bestimmte Vielheit in sich schließt, abstrahirt, und nur an den einzelnen Momenten des Textes den Inhalt des religiösen Selbstbewußtseins zur Darstellung bringt, so ist dies die Paraphrase, die wohl für die religiöse Betrachtung in der Privat-Erbauung, aber nicht für die religiöse Betrachtung im Kultus in Anwendung gebracht werden kann.

§. 123.

Wenn man die Einheit des Themas zur ausschließlichen macht, und die Vielheit unmittelbar nach dem sogenannten synthetischen Verfahren daraus ableitet, so muß doch dabei vorausgesetzt werden die objektive Einheit eines religiösen Moments, ohne welche das Thema seine religiöse Beziehung in der Predigt verlöre.

§. 124.

Ist diese Einheit des religiösen Moments auch eine im Leben der Kirche selbst gegebene, und auch im kirchlichen Worte objektiv und symbolisch ausgesprochene, so ist es doch nicht zu rathen, eine solche Einheit statt des biblischen Textes der Predigt zum Grunde zu legen.

§. 125.

Ist es auch richtig, daß ohne Text dennoch von jener Einheit aus biblisch geprediget werden kann, so ist doch in der evangelischen Kirche an die Schrift jede Darstellung im Kultus gebunden, und zumal in der Predigt als dem Mittelpunkte des evangelischen Kultus muß dies hervortreten.

§. 126.

Da die subjektive Einheit des Themas eine bestimmte Vielheit der Momente schon in sich schließt, so ist jene Einheit eine durch die bestimmte Vielheit gewordene Einheit.

§. 127.

Die Thätigkeit der Urbildung ist demnach ein zweifacher Akt, erstens, nach der objektiven Seite hin, die religiöse Belebung durch den Text; zweitens, nach der subjektiven Seite hin, die religiöse Gedankenthätigkeit, welche aus der unbestimmten Vielheit die bestimmte Einheit hervorhebt, und dadurch die Vielheit selbst bestimmt. Beide Momente bilden aber erst zusammengenommen in der Einheit der Objektivität und Subjektivität, d. i. in der Identität ihres Lebens, eine und dieselbe urbildliche Thätigkeit der Meditation.

§. 128.

Ist der erste Moment der religiösen Belebung durch den Text auch überwiegend an die Gefühlserregung gebunden, so ist er doch als solche zugleich in der Klarheit des objektiv gewordenen religiösen Gedankens; und ist der zweite Moment auch überwiegend die subjektive Thätigkeit des religiösen Gedankens, so ist es doch immer der in jener religiösen Gefühlsbelebung erfüllte und gesättigte Gedanke, der sich also aus der Vielheit in die Einheit fortbewegt, um aus dieser wiederum in die bestimmte Vielheit überzugehen, und an ihren Momenten sich darzustellen.

§. 129.

Dieser letzte Moment, wie der religiöse Gedanke in der Urbildung aus der unbestimmten in die bestimmte Vielheit übergeht, ist dasjenige in der Meditation, was man Disposition genannt hat.

§. 130.

Die Disposition ist kein Moment, der logisch für sich und in einer Besonderung betrachtet werden kann, sondern er kommt als Moment her aus jenem ersten Momente der religiösen Belebung durch den Text, und erscheint zugleich mit im zweiten Moment, wo der religiöse Gedanke in der bestimmten Einheit das Viele zusammenfassen will.

§. 131.

Schon das Werden der Einheit ist das Werden der Vielheit, beides Werden wird mit und durch einander, nach verschiedenen, aber nicht entgegengesetzten Richtungen hin. Das Werden der Einheit in der Richtung, daß unter dem Vielen nicht das nicht zur Einheit gehörende Viele aufgenommen werde; das Werden der Vielheit aber, daß das aufgenommene Viele das der Einheit entsprechende Viele sei. Die erste Thätigkeit wird in der zweiten fortgesetzt, die zweite Thätigkeit ist in der ersten schon angefangen.

§. 132.

Bevor die letztere Thätigkeit nicht vollendet ist, ist auch die Einheit nicht gefunden, und bevor die erste Thätigkeit in der Richtung auf die Vielheit nicht begonnen ist, kann die bestimmte Vielheit nicht gefunden werden.

§. 133.

Beide Thätigkeiten sind nicht logischer Natur in dem Sinne, daß sie dem reinen Akte des Wissens auch den Inhalt erzeugten, sondern es sind Thätigkeiten des religiösen Lebens im religiösen Gedanken; als solche aber zugleich logisch darin, daß sie in bestimmten Begriffsweisen, in welchen der religiöse Gedanke als ein sich mittheilendes Element sich fortbewegt, in der logischen Thätigkeit des Denkens sich vollenden.

§. 134.

Die Disposition ist die Vielheit, wie sie als solche noch ganz an der Einheit, die in der Identität des Textes und Themas umfaßt ist, haftet; als solche Vielheit ist die Disposition nur das Schema für die Vielheit der religiösen Momente, die in der Predigt selbst zur Erscheinung kommen.

§. 135.

Das, was als Vielheit des religiösen Gedankens nun weiter für die Darstellung sich fixirt, beruht auf der Konception, welche als Thätigkeit der religiösen Rede sich zeigt in der Amplifikation und in dem Koncipiren im engern Sinne des Wortes.

Zweiter Moment.

## Die Konception.

§. 136.

Die Konception ist kein für sich seiender Moment der Predigt, sondern sie ist die lebendige Fortsetzung der Meditation, aber so, daß sie dieselbe dem Moment der Ausführung näher bringt, und die Einheit und Vielheit, welche in Thema und Disposition noch an sich gesetzt ist, nun auch in den lebendigen Ausdruck der Sprache übergehen läßt.

§. 137.

Ihren Begriff hat sie darin, daß sie alles, was im Thema und der Disposition schon umgrenzt, aber noch an sich und auf allgemeine Weise enthalten ist, nun als ein geregeltes Mannigfaltige bis zum Ausdruck in der Sprache durch den

Gedanken fixirt, und so alle religiösen Momente, die im Thema enthalten und in der Disposition schematisirt sind, zur wirklichen konkreten Erscheinung bringt.

§. 138.

Als solcher Moment kommt sie rein innerlich mit dem Reichthum ihres Inhaltes aus der Meditation her, und ist in ihr implicite schon enthalten gewesen.

§. 139.

Je weniger so meditirt wird, daß Thema und Disposition als im lebendigen Uebergange zur Konception angetroffen werden, d. i. je weniger Meditation und Konception an einander grenzen, desto mehr erscheint die Konception als willkührliche Erfindung, und Thema und Disposition sind Formen ohne lebendigen Inhalt.

§. 140.

Faßt man die Meditation nur als formelle Thätigkeit so auf, daß in ihr nur Thema und Disposition nach dem formell logischen Gesetze gefunden werden, die Konception aber den Inhalt für beides erst schaffen muß, so hat die Konception ihren lebendigen Anfang verloren.

§. 141.

Kommt die Konception aus dem lebendigen Moment der Meditation her, so ist sie als besondere Thätigkeit des religiösen Gedankens in der Fortbewegung der Predigt die Amplifikation.

§. 142.

Als solche hebt sie alle Momente, welche in der durch die Disposition bewirkten Partition enthaltend sind, in der Einheit des Themas und Textes so hervor, daß sie die Erscheinung einer lebendigen und für die Darstellung gereiften Vielheit werden.

§. 143.

Sagt man, daß Thema und Disposition zwar in der religiösen Rede nicht fehlen, aber nicht bestimmt ausgesprochen zu werden brauchen, so läßt sich dies allerdings insofern rechtfertigen, als beide in der Konception und Ausführung, in welcher die Predigt sich vollbracht hat, hervortreten müssen.

§. 144.

Sagt man, daß das bestimmt gefaßte und ausgesprochene Thema, so wie die in allgemeinen Sätzen ausgesprochene Partition, wegen der abstrakten Allgemeinheit ihres Inhalts, bloß dazu da sind, der Auffassungskraft des Hörenden zu Hülfe zu kommen, für die Predigt selbst aber kein erbauliches Element in sich schließen, so führt man die Meditation wieder auf ein rein logisches Geschäft zurück, das in keinem innern und nothwendigen Zusammenhange mit der Konception steht.

§. 145.

Thema und Partition müssen sich demnach in ihrem Inhalte als Grund der Konception zu erkennen geben, und können, als in der Fortbewegung zu dieser, in der Predigt selbst bestimmt gefaßt und ausgesprochen werden.

§. 146.

Jedes Element, das aus der Einheit durch die Disposition herkommend in der Konception zur Ausführung hindurchdringt, um als konkret gewordenes Element in die Einheit zurückzukehren, erscheint in der Klarheit des religiösen Gedankens als das wahrhafte Element der Predigt.

§. 147.

In dieser religiösen Lebendigkeit, die so durch den Text belebt, in der Einheit des Themas, alles in der Vielheit Erscheinende so zusammenfaßt und durchdringt, daß das Mannigfaltige der Vielheit nicht mehr zufällig und für sich wird, sondern im Lichte jener Einheit erscheint, vollbringt sich die Predigt als ein religiöses Kunstwerk.

§. 148.

Als Kunstwerk erscheint sie, weil sie alles Willkührliche und für sich Geltende ausschließt; und ein religiöses Kunstwerk ist sie, weil sie nicht durch menschliche Kunst hervorgebracht, sondern weil der Inhalt der Religion selbst das alles bewegende Princip in ihr ist.

§. 149.

Ist die Amplifikation die Gedankenerzeugung in der Predigt, so lassen sich darüber, wie diese Gedankenerzeugung am Besten von Statten geht, keine besondern Regeln aufstellen; alles hängt hier ab von der religiösen Lebendigkeit des Geistlichen, von seinem kirchlichen Verhältniß zur Gemeinde, und von seinem ununterbrochenen Verkehr mit der Schrift.

§. 150.

Ist der Geistliche in der Kontinuität eines religiösen Lebens, so wird nicht bloß die Meditation, sondern auch die aus ihr herkommende Amplifikation vollkommen von Statten gehen.

§. 151.

Wird die Meditation in jener religiösen Lebendigkeit vollzogen, so ist sie in dieser Lebendigkeit schon die Fortbewegung zur Amplifikation; und darf nichts in die Konception aufgenommen werden, was nicht hineingehört, so verhütet dies schon die Disposition.

§. 152.

Ist der Proceß der Gedankenerzeugung zu schwach, so ist auch der Proceß der Meditation zu schwach gewesen; daher alle Regeln, den Proceß der Gedankenerzeugung zu steigern, immer auf den Mangel zurückführen, daß es dem Redner an religiöser Lebendigkeit in der Urbildung gefehlt habe.

§. 153.

Wenn man als Regel aufstellt, bei zu schwacher Gedankenerzeugung befleißige dich der Schriftanwendung, die dir aus dem Verkehr mit derselben stets gegenwärtig ist, so ist diese Regel in sich schon deswegen nichtig, weil die Schriftanwendung die Lebendigkeit des religiösen Gedankens voraussetzt.

§. 154.

Durch noch so viele Schriftcitate, sobald sie nicht in der Lebendigkeit der Urbildung mit hervortreten, und in der Konception als Gedankenelemente der ganzen Predigt erscheinen, wird die Predigt nicht biblischer.

§. 155.

Es kann vielmehr eine Predigt ohne biblische Citate vollkommen biblisch sein, wenn nur alle Gedanken darin ihr biblisches Fundament haben, und wenn sie nur in der Einheit der ihr zum Grunde liegenden Schriftstelle durchgeführt werden.

§. 156.

Sagt man, daß es etwas Erbauliches habe, wenn Schriftstellen, die im Gedächtniß der Hörer sind, in der Predigt angeführt werden, so hat dies auch ebenfalls so viel Nachtheiliges, indem der Hörende leicht eine Beziehung in die Schriftstelle legt, die er ihr selbst giebt, die aber in der Einheit der Predigt nicht gesetzt erscheint.

§. 157.

Die Gedankenerzeugung kann auch zu reich sein, und hiergegen hat man Regeln der Beschränkung aufgestellt.

§. 158.

Man unterscheidet in der Predigt wesentliche und unwesentliche Darstellungsformen; zu den letztern rechnet man das Bild und die Exemplifikation. Man hat als Regel der Beschränkung aufgestellt, bei einer zu reichen Gedankenerzeugung das allgemein zu sagen, was im Bilde und in der Exemplifikation im Besondern gesagt ist.

§. 159.

Eine solche Regel geht von der unrichtigen Vorstellung aus, als ließen sich Form und Inhalt gewaltsam aus einander reißen. Vielmehr muß daran festgehalten werden, daß der Inhalt der religiösen Rede, der aus jener innern religiösen Lebendigkeit hervorgeht, es schon mit sich bringt, in welchem mehr allgemeineren oder besonderen Elemente des sprachlichen Ausdrucks er zur Darstellung kommen soll.

§. 160.

Das Bild und die Exemplifikation sind ein eben so wesentliches Darstellungsmittel der religiösen Lebendigkeit als die allgemeinen Begriffsweisen des christlichen Glaubens und Lebens.

§. 161.

Eine zu reiche Gedankenerzeugung hat ihre nothwendige Beschränkung darin, daß sie aus der Disposition herkommt, in welcher der gesammte Inhalt der Predigt auch für die Konception als begrenzt erscheint.

§. 162.

Je allgemeiner Thema und Disposition gefaßt sind, desto mehr wird der Proceß der Gedankenerzeugung, der in solchen Fällen einen unendlichen Reichthum darbieten kann, sich in den Grenzen jener Allgemeinheit zusammenziehen; und so kommt die Beschränkung in der Konception schon aus der Meditation her.

§. 163.

Ist die Amplifikation als der erste Moment der Konception bezeichnet worden, so geschah dies aus dem Grunde, weil die Gedankenerzeugung auf einer Empfängniß (conceptio) des religiösen Selbstbewußtseins beruht, und weil sie zugleich ist das Zusammenfassen alles Einzelnen in einer schon bestimmt gegebenen und umgrenzten Vielheit.

§. 164.

Jene Empfängniß des religiösen Selbstbewußtseins ist aber lebendig schon mit gesetzt in dem Momente der Urbildung; nur erscheint sie dort als Einheit, die sich erst in die Vielheit fortbewegen will, hier aber erscheint sie als Einheit, die sich in die Vielheit des zusammenfassenden Gedanken fortbewegt hat, und so die wahrhaft erfüllte konkrete Einheit geworden ist.

§. 165.

Je mehr man die Amplifikation ansieht als den Moment einer besondern Thätigkeit, welche zwischen dem Disponiren und Koncipiren im engern Sinne mitten inne steht, und sich als die Erfindung der Gedanken kund giebt, desto willkürlicher müssen die Regeln ausfallen, die Konception mit dem ersten Moment der Urbildung wiederum zu verbinden.

§. 166.

Ist der erste Moment der Konception der, daß sie aus der lebendigen Einheit der Urbildung die Gedanken hervorhebt und in die bestimmte Vielheit zusammenschließt; so ist ihr anderer Moment der, daß sie alles Einzelne in dieser bestimmten Vielheit für die sprachliche Darstellung fixirt.

§. 167.

Dieser Moment ist das Koncipiren der Predigt, welcher aus der lebendigen Selbstbewegung ihres Inhalts herkommend den Uebergang bildet zur Darstellung in der Sprache.

§. 168.

Das Koncipiren muß als solcher lebendiger Moment gedacht werden können als das wirkliche Fixiren der Gedanken in der Sprache; dies aber kann auf allgemeine Weise so geschehen, daß im Koncipiren der Ausdruck der Predigt noch nicht vollendet ist.

§. 169.

Man kann aber auch sagen, daß die Gedanken in der Predigt noch nicht vollkommen fertig sind, so lange der sprachliche Ausdruck noch nicht fertig geworden ist.

§. 170.

Je mehr das Koncipiren als ein lebendiger Moment aus der ununterbrochenen Gedankenbewegung der Predigt herkommt, desto mehr wird der adäquate Ausdruck darin schon mitgegeben sein.

§. 171.

Da nicht vorausgesetzt werden kann, daß man die Sprache in solcher Gewalt habe, schon in jenem lebendigen Moment des Koncipirens den sprachlichen Ausdruck für den Vortrag als beschlossen ansehen zu können, so ist die allgemeine Regel, daß der Ausdruck der Predigt vor ihrem Vortrage vollkommen fertig gemacht werde.

§. 172.

So geht das Koncipiren in den andern Moment der sprachlichen Ausführung über, und setzt alle dort vorkommenden Regeln für seine Thätigkeit voraus.

§. 173.

Das Koncipiren als diese Vollendung des sprachlichen Ausdrucks kann zwiefach gedacht werden. Es kann seine angefangene Bewegung bis zum fertigen Ausdruck in der Sprache fortsetzen, und denselben entweder festhalten im Gedächtniß, oder durch die Schrift.

§. 174.

Das Koncipiren, welches den fertigen Ausdruck in der Sprache mit solcher Sicherheit findet, daß er im Gedächtniß ohne das Medium der Schrift festgehalten werden kann, ist die höchste Vollkommenheit in diesem Moment.

§. 175.

Je lebendiger die Akte der Meditation und Amplifikation gewesen sind, und in einem je reichern Umfange jemand den kunstgerechten sprachlichen Ausdruck in seiner Gewalt hat, desto mehr erscheint die Möglichkeit eines solchen Koncipirens.

§. 176.

Wird das Koncipiren im schriftlichen Ausdruck vollzogen, so wird zwar die religiöse Thätigkeit, wie sie noch in der lebendigen Bewegung der Meditation und Amplifikation erscheint, dadurch nicht aufgehoben, aber das schriftliche Koncipiren endet nicht in seiner eignen Thätigkeit, sondern es fixirt die Predigt für den besondern Moment des Memorirens.

§. 177.

Das Memoriren ist als Thätigkeit in diesem besonderten Moment Arbeit des Gedächtnisses, und wenn diese Arbeit auch noch so vollkommen von Statten geht, so kann doch nicht geläugnet werden, daß überall, wo der Vortrag an diese vorhergehende Arbeit des Gedächtnisses gebunden erscheint, daraus etwas Bindendes für den Redner entsteht.

§. 178.

Das schriftliche Koncipiren erscheint demnach nur als ein nothwendiger Durchgangspunkt, und es muß an jeden die Forderung gemacht werden, durch die Akte der Meditation und Amplifikation hindurch zu einem in Gedanken fertigen und im Gedächtniß ein für alle Mal fixirten Ausdruck zu gelangen.

§. 179.

Man hat nicht selten behauptet, daß, ohne in den Akt der Amplifikation einzugehen, eine Predigt in der Disposition als für den Vortrag beendigt angesehen werden könne, und als Virtuosität hat man es betrachtet, wenn selbst ohne den

Akt der Disposition, nur nach einer Belebung durch den Text, eine religiöse Rede gehalten werden könne.

§. 180.

Beides aber, das Predigen nach der Disposition und das sogenannte Extemporiren, haben ihren Grund entweder in einer überschätzten Virtuosität, oder in einem Leichtsinn, der mit der Trägheit im religiösen Leben zusammenhängt.

§. 181.

Das Koncipiren, wie es als das Fixiren der religiösen Gedanken für den sprachlichen Ausdruck erscheint, läßt sich von diesem selbst durch bestimmte Grenzen nicht mehr trennen. Es ist so das Fixirtwerden der Gedanken schon der lebendige Ausdruck derselben in der Sprache.

§. 182.

Wenn in Gedanken concipirt wird, so wird in der größten Lebendigkeit und schnellsten Fortbewegung der sprachliche Ausdruck gefunden, und das Festhalten mit dem Gedächtniß in dieser Innerlichkeit erleichtert; wenn schriftlich concipirt wird, so tritt das Nacheinander eines längern Zeitraums ein, und auf die religiöse Lebendigkeit und adäquate Fortschreitung hat nicht selten diese äußerliche Arbeit im Ausdruck einen nachtheiligen und hemmenden Einfluß.

§. 183.

Es kann jedoch nicht geläugnet werden, daß auch der schriftliche Ausdruck ohne alle Hemmung in der Kontinuität der religiösen Lebendigkeit vollzogen werden kann, und daß selbst in dieser Innerlichkeit, in welcher das Fixiren durch die Schrift als äußerliche Arbeit untergegangen ist, das Gedächtniß den Ausdruck mit aufnimmt, und das Memoriren alsdann auf ein Minimum sich reducirt.

§. 184.

Die Konception als solcher Moment des Ueberganges in den sprachlichen Ausdruck ist der Moment der Ausführung.

Dritter Moment.

## Die Ausführung der Predigt.

§. 185.

Die Ausführung, wie sie unmittelbar herkommt aus der Konception, ist noch der Ausdruck der religiösen Rede, weiter aber geht sie über in den Moment des sprachlichen Vortrags, und vollendet sich in demselben als gehaltene Rede.

§. 186.

Da die Predigt ihren Inhalt nach bestimmten Gesetzen in den Formen der bestimmten Einheit und Vielheit zur Erscheinung bringt, so kann ihr Ausdruck nur entlehnt werden aus dem Gebiete der Prosa, und nicht dem der gebundenen Rede.

§. 187.

Die Prosa hält sich in dem Wechsel von kürzern Sätzen und Perioden, und zeigt darin eine sich gleich bleibende ruhige Fortbewegung, die so oft in der religiösen Rede verletzt wird, als man aus der Prosa in die Poesie hinüberschweift.

§. 188.

Für diese ruhige, sich gleich bleibende Fortbewegung der Rede sind die Redner des klassischen Alterthums besondere Muster, wogegen die neuern Klassiker das poetische und prosaische Element in dem Wechsel der mannigfaltigsten Uebergangsformen erscheinen lassen.

§. 189.

Die Prosa der religiösen Rede ist aber zugleich poetisch, nicht in der Form des Strophischen, sondern in einem religiösen Inhalte, der in der Erfahrung gegeben nicht durch den allgemeinen und abstrakten Begriff, sondern durch die lebendige und konkrete Anschauung in der Urtheilsform zur Darstellung kommt.

§. 190.

In dieser unmittelbaren Anschauungsform, in welcher das Bild und konkrete Urtheil vorherrschen, und in dieser unmittelbaren Lebendigkeit, in welcher der religiöse Inhalt als ein in der Erfahrung gegebener dargestellt wird, wird die religiöse Rede der kunstgemäße Ausdruck in der Form poetischer Prosa.

§. 191.

Als solcher Kunstausdruck, der sich in der Darstellung überall an den Inhalt der religiösen Erfahrung hält, wird die religiöse Rede populär, so daß die Gemeinde das Gesprochene unmittelbar aufnehmen kann, und nicht erst nachconstruiren darf.

§. 192.

Da die Erfahrung im christlich religiösen Selbstbewußtsein eine und dieselbe ist und bleibt, so hat der verschiedene Grad der intellektuellen Bildung der Gemeinden auf den sprachlichen Ausdruck der Predigt keinen Einfluß.

§. 193.

Es muß vorausgesetzt werden, daß im Volke ein kunstgemäßer Bildungsproceß der Sprache vorhanden sei, und daß auch die Gemeinde, in welcher dieser Proceß so unmittelbar nicht hervortritt, dennoch in der Andacht in den höhern Kreis des gebildeten und kunstgemäßen Ausdrucks sich erhebt; woraus folgt, daß aus der religiösen Rede jeder Ausdruck, der an das Ungebildete grenzt, ausgestoßen werden müsse.

§. 194.

Da der Inhalt des christlich religiösen Selbstbewußtseins, wie er am reinsten in die christliche Erfahrung aufgenommen wird, in der Sprache der Schrift und im kirchlich symbolischen Ausdruck seine Bezeichnung im Begriff gefunden hat, so wird in diesen beiden Sprachkreisen der Sprachkreis, in welchem die evangelische Predigt sich bewegt, ein bestimmter.

§. 195.

Das poetische Element, wie es in der Sprachform der religiösen Rede zur Erscheinung kommt, ist in seiner der religiösen Rede angemessenen Einfachheit darin bezeichnet, daß alles in der Schrift ein in der religiösen Erfahrung des Glaubens Gegebenes ist; und je mehr eine Predigt das poetische Element in der Einfachheit der biblischen Sprache an sich trägt, desto vollkommner wird ihr sprachlicher Ausdruck sein.

§. 196.

Vorzugsweise ist es der Kreis der Begriffe, die in der Schrift überall nach der innern Erfahrung des Glaubens ihren angemessenen Ausdruck gefunden haben, welcher den feststehenden und begrenzten Typus der Sprachform in der religiösen Rede bildet; wogegen in der Bildung der Urtheile, durch welche der religiöse Inhalt mit allen Erfahrungen des Lebens in Verbindung gesetzt wird, überwiegend das frei sich bewegende poetische Element des Redners hervortreten kann.

§. 197.

In Beziehung auf den Begriffsausdruck der religiösen Rede muß daher alles vermieden werden, was über das biblische Element hinausliegt, oder in keine Vereinbarkeit mit ihm gebracht werden kann, wie die rein technischen Ausdrücke des gewöhnlichen Lebens, oder auch die wissenschaftlichen und rein spekulativen Begriffsformen.

§. 198.

In der kirchlich symbolischen Sprache tritt das didaktische Element überwiegend hervor und das poetische zurück; aber insofern die symbolische Kirchensprache auf die Bibelsprache sich gründet, und insofern auch ihr Inhalt ein im Bewußtsein der Gemeinde überlieferter ist, bleibt in der Predigt auch dieser didaktische Begriffskreis ein unentbehrliches Element.

§. 199.

Der dogmatisch wissenschaftliche Begriff wird dagegen um so mehr vom sprachlichen Ausdruck der Predigt auszuschließen sein, je mehr er die Eigenthümlichkeit eines Systems an sich trägt, von dem symbolischen Ausdruck sich entfernt, und in subjektiven Vorstellungen und Maximen sich bewegt.

§. 200.

Zeigt sich im Urtheil überwiegend die freie poetische Thätigkeit des religiösen Redners, so wird doch auch hier das Oratorische in solchen Grenzen zu halten sein, daß aller Schmuck, der nur als darstellende Form und für sich sich geltend machen wollte davon ausgeschlossen bleibt.

§. 201.

Aus diesem Grunde sind namentlich alle pathematischen Formen der religiösen Rede, wie Personifikationen, Apostrophen an fingirte Personen, erkünstelte Epithesen, aus der Predigt gänzlich zu verweisen.

§. 202.

Ueberhaupt ist alles, was den Verdacht der Selbstgefälligkeit des Redners erzeugen muß, oder auch eine zu starke Gewalt auf den Zuhörer absichtlich ausüben will, in der religiösen Rede vom Uebel.

§. 203.

Der religiöse Vortrag schießt in sich die Modulation und Accentuation der Sprache, und das Mimische der Gebehrde.

§. 204.

Es findet sich häufig auf der Kanzel eine Art der Modulation in der Sprache, die gar nicht existirt in der gewöhnlichen Sprache, wovor zu warnen ist, und woran das Deklamiren auf Schulen schuld ist.

§. 205.

Die wesentlichen Kennzeichen einer richtigen Modulation sind Natürlichkeit und Deutlichkeit. Die Natürlichkeit wird dadurch am häufigsten in der Predigt aufgehoben, daß der Prediger auf der Kanzel leicht einen andern Ton annimmt, als er der Eigenthümlichkeit seines Organs angemessen erscheint; und die Deutlichkeit geht oft in der mangelhaften Ausbildung des Sprachorgans verloren.

§. 206.

Ist das Organ eines religiösen Redners mangelhaft, so ist dieser Mangel, sofern nur die Deutlichkeit darunter nicht leidet, bei weitem von keinen so nachtheiligen Folgen, als wenn ein vollkommen schönes Organ in den Dienst der Eitelkeit sich hingiebt.

§. 207.

Für solche, die im Besitz der Gabe eines schönen Organs sind, wird Regel sein, die Sprache der Schrift und den einfachsten Ausdruck der religiösen Rede vorzugsweise festzuhalten, so wie auf das Urtheil des Hörenden nur in dem Falle einen Werth zu legen, als es sich auf den christlichen Geist und den innerlichen Werth der Predigt bezieht.

§. 208.

Ist ein ungewöhnlich großer Raum mit der Stimme auszufüllen, so muß der Sprachton allerdings verstärkt werden, aber in keinem Falle darf dies über das Maaß des Natürlichen hinaus geschehen; vielmehr wird es der religiösen Rede keinen Abbruch thun, wenn in solchem Falle ungewöhnlich langsam gesprochen, und die letzten Sylben der Wörter stärker betont werden.

§. 209.

Die Deutlichkeit ist das andere wesentliche Kennzeichen

der Modulation; was hier durch die Uebung in der Ausbildung des Sprachorgans geschehen kann, ist bekannt.

§. 210.

Ueber die Accentuation sind keine anderen Regeln für die religiöse Rede aufzustellen, als welche im Allgemeinen auf diesem Gebiete gegeben sind. Zu bemerken aber ist, daß die Accentuation nicht in der Schärfe und Absichtlichkeit in der religiösen Rede hervortreten darf, daß man darin das Angelernte und Eingeübte hervortreten sieht.

§. 211.

Ist die Predigt schriftlich concipirt, und wird sie memorirt, so ist auch die Accentuation im Gedächtniß, und es kann leicht das Eingeübte und Angelernte darin hervortreten; und dies ist ein Nachtheil im Vortrage schriftlich concipirter und memorirter Vorträge.

§. 212.

Wird die aufgeschriebene Predigt abgelesen, so fällt dieser Nachtheil weg, und jedermann weiß, daß der Redende es mit der Schrift zu thun hat.

§. 213.

Wird die memorirte Predigt vorgetragen, so giebt die Modulation den Schein, als ob der Zuhörer eine ursprüngliche Produktion vor sich habe, was doch im Redenden nicht der Fall ist; und diese Differenz zwischen Redner und Hörenden ist für beide von nachtheiligen Folgen.

§. 214.

Das Ablesen der Predigt macht die Predigt zu einer Vorlesung, verringert den Akt, der nach dem Wesen der Predigt ein persönlicher sein soll, und giebt zu der Vermuthung Veranlassung, daß auch Fremdes abgelesen werden könne.

§. 215.

Beides also, der Vortrag memorirter und der Vortrag abgelesener Predigten sind mangelhafte und dem evangelischen Kultus nicht entsprechende Darstellungsformen, sie sind für jeden religiösen Redner nur Durchgangspunkte zu dem höchsten Ziele der frei vorgetragenen religiösen Rede.

§. 216.

Da in der religiösen Rede das Empfindungsleben in das religiöse Leben übergegangen ist, und sich nie zum natürlichen Affekt steigern kann, so kann für das an ihm haftende mimische Element, in Beziehung auf die Predigt, eine Theorie nicht aufgestellt werden, wie für den Schauspieler und politischen Redner.

§. 217.

Die die religiöse Rede begleitende, und aus der geistigen Empfindung herkommende Bewegung sowohl der Gesichtszüge als der Gliedmaßen findet ihr Maaß in der Analogie des gewöhnlichen Lebens; und eine je höhere Stufe der Bildung der Geistliche im Ausdruck des gewöhnlichen Lebens erreicht hat, mit desto mehr Sicherheit wird er sich in den Grenzen des die Predigt begleitenden mimischen Elements halten, und niemals in das Unschickliche und Affektirte verfallen.

§. 218.

Von den Bewegungen, wie sie aus jenem Empfindungsleben unmittelbar herkommen, sind die einen überwiegend das Supplement für die Sprache, die andern sind unmittelbar der leibliche Ausdruck des innern Lebens selbst; beide also haben ihr Maaß in der innerlichen Qualität des religiösen Empfindungslebens selbst, und was von ihnen, als aus dieser Quelle nicht herkommend, sich dennoch geltend machen wollte, erscheint als affektirt und ist vom Uebel.

§. 219.

Da das religiöse Empfindungsleben ganz in die Potenz des geistigen Lebens in der religiösen Rede übergegangen ist, so wird die daraus entspringende innerliche Bewegung auch den Charakter der höchsten Einfachheit und ernster Haltung an sich tragen, und darin selbst als geistige Darstellungsform sich manifestiren.

§. 220.

Eine Differenz in der mimischen Bewegung findet sich nach dem Grade der Beweglichkeit vor in der Nationalität und im Temperament des Einzelnen.

§. 221.

Was die quantitative Differenz des Temperaments anlangt, so können besondere Regeln in Beziehung auf sie für das mimische Element in der religiösen Rede nicht aufgestellt werden, indem das Temperament ein natürliches ist, das als solches in dem religiösen Empfindungsleben untergegangen sein soll.

§. 222.

Die Nationalität haftet an einer Naturform, welche, wenn auch dasselbe Princip der Simplicität für die religiöse Rede ganz im Allgemeinen aufgestellt werden muß, dennoch ein eigenthümliches zurücklassen wird.

## Dritter Abschnitt.

### Die Predigt, wie sie in ihrer Erscheinung mit den andern Kultusformen zur höchsten organischen Einheit sich zusammenschließt.

§. 223.

Die Predigt, welche in der Vermittelung des religiösen Gedankens und in der Selbstthätigkeit des Geistlichen den

Inhalt des christlich religiösen Selbstbewußtseins zur Darstellung bringt, bildet in der evangelischen Kirche den Mittelpunkt des öffentlichen Gottesdienstes.

§. 224.

Wie man nicht sagen kann, daß Gebet und Gesang vor der Predigt nur nothwendige Vorbereitungsstufen für die Erbauung in der Predigt sind, so muß nach dem Wesen der evangelischen Kirche doch auch behauptet werden, daß mit dem Beginn der Predigt der Kulminationspunkt der Erbauung im Kultus erreicht wird; und wie man nicht sagen kann, daß Gebet und Gesang nach der Predigt nur natürliche Schlußformen der Predigt sind, so muß doch behauptet werden, daß mit dem Schluß der Predigt der Kulminationspunkt in der Erbauung des Kultus erreicht worden ist.

§. 225.

Es begründet diese Stellung der Predigt, als im Centralpunkt des gesammten Gottesdienstes, in keiner Hinsicht eine quantitative Differenz der Erbauung; aber es tritt im evangelischen Kultus die Predigt als das Haupt-Organ der religiösen Erbauung im Kultus hervor.

§. 226.

Dies hat zuerst seinen geschichtlichen Grund darin, daß, wie die Verbreitung des Christenthums von der Predigt des Evangeliums ausgegangen ist, so auch in der evangelischen Kirche die Predigt des Evangeliums, in der religiösen Vermittelung der Schrift, als das einzige und ewige Mittel für die Belebung des Glaubens und die Aneignung aller von Christo der Menschheit geschenkten Heilskräfte angesehen wird.

§. 227.

Wie alle Bestandtheile des Kultus in der evangelischen Kirche an die Vermittelung des religiösen Gedankens gebunden sind, und wie keine Kunstform im evangelischen Kultus sich geltend machen kann, welche nicht in jenem Elemente sich abgeklärt und vergeistigt hat, so muß die unmittelbarste Form der Gedankendarstellung im Kultus wie in der Predigt auch überwiegend als Hauptmoment sich manifestiren.

§. 228.

Soll in und durch die religiöse Erbauung im Kultus das Reich Gottes in seinem Kampfe gegen die Welt immer siegreicher hervortreten, oder, was dasselbe ist, sollen die göttlichen Lebenskräfte des Glaubens die Macht der Sünde zerstören, und die natürlich sich entfaltenden Kräfte des menschlichen Lebens in das Reich der Heiligung übergehen lassen, so ist auch nach dieser Richtung hin die Predigt, in welcher die göttliche Macht des Glaubens, in allen Vermittelungsstufen des religiösen Gedankens, dem gesammten Leben und allen individuellen Erscheinungen zugeführt wird, das Centrum des evangelischen Gottesdienstes.

§. 229.

Die gewöhnliche Ansicht, nach welcher die Predigt als Element der Belehrung vorzüglich zu ihrer hohen Stellung im Kultus der evangelischen Kirche gelangt sei, gründet sich darauf, daß die Belehrung und Verständigung über den Glauben im Entstehen der evangelischen Kirche als das wesentlichste Geschäft des Kultus nothwendig hervortreten mußte; dies ist jedoch eine höchst untergeordnete Ansichtsweise, die weder nach der Geschichte noch nach dem Wesen der evangelischen Kirche die Predigt im evangelischen Kultus zu beurtheilen im Stande ist.

§. 230.

Wenn im Gebet und Gesang das rein liturgische Element hervortritt, in welchem der religiöse Gedanke als fest und geworden erscheint, so hat doch das liturgische Element diese seine Allgemeinheit nur erreicht durch die unausgesetzte religiöse Gedankenthätigkeit in der Predigt; und je kräftiger die Predigt des Evangeliums im evangelischen Kultus hervortritt, desto reichhaltiger wird Gebet und Gesang in ihr.

§. 231.

Steht die Predigt so in diesem innern Zusammenhange mit Gebet und Gesang, so muß die Differenz, in welcher Predigt, Gesang und Gebet besondere organische Bestandtheile des evangelischen Kultus bilden, auf einem andern Grunde beruhen.

§. 232.

In der Predigt allein kann kein öffentlicher Kultus sich vollenden, und zwar aus dem Grunde, weil alsdann das allgemein christliche Selbstbewußtsein der Gemeinde sich in der individuellen und freien Gedankenthätigkeit des Predigers nicht ausgesprochen hätte.

§. 233.

Viel eher kann ein öffentlicher Kultus gedacht werden da, wo das religiöse Selbstbewußtsein der Gemeinde im Gebet und Gesang allein sich manifestirt, denn namentlich unter der Darstellungsform des Gesanges können die individuellen Elemente der Andacht mit aufgenommen und dargestellt werden.

§. 234.

Es würde aber ein öffentlicher Kultus nur im Gebet und Gesang bestehend seine religiöse Lebendigkeit verlieren, und sich in einer Darstellung verhärten, die nicht mehr dem Geiste der evangelischen Kirche angemessen erschiene.

§. 235.

Die Differenz also, auf welcher Gebet und Predigt als besondere organische Bestandtheile des evangelischen Kultus beruhen, und nie ohne einander sein oder unnatürlich mit einander sich vermischen können, beruht eben darauf, worauf alles Leben überhaupt beruht, daß nämlich das Allgemeine und Individuelle in ihrer begriffsmäßigen Sonderung, so wie darin in ihrer wahrhaften Identität, zur Erscheinung kommen müssen.

§. 236.

Das Allgemeine ist im Kultus das fest gewordene kirchlich religiöse Bewußtsein, welches im liturgischen Gebet der Gemeinde sich ausspricht; das Besondere und Individuelle in der Lebendigkeit des Allgemeinen beruht auf der Predigt, welche in der Selbstthätigkeit des religiösen Redners zur Erscheinung kommt.

§. 237.

Die Differenz, auf welcher Gesang und Predigt als besondere organische Bestandtheile des evangelischen Kultus zur Erscheinung kommen, bilden die Formen der Receptivität und Selbstthätigkeit, unter welchen wie alles Leben, so auch das religiöse Leben im Kultus sich manifestirt.

§. 238.

Die Receptivität zeigt sich überwiegend in der Gemeinde, wenn der Prediger producirt, und die Receptivität zeigt sich überwiegend im Prediger, wenn die Gemeinde im Gesange selbstthätig producirt.

§. 239.

Gesang, Gebet und Predigt sind in dieser Besonderung wahrhaft organische Bestandtheile des Kultus, d. i. sie sind ein Leben für sich nur dadurch, daß sie es im Ganzen sind.

§. 240.

Nach diesem organischen Zusammenhange ist jedes das Ganze, und jedes das Besondere, und man kann der Predigt, wenn man ihr auch örtlich und zeitlich den Mittelpunkt des Kultus einräumt, nicht einen solchen Vorrang einräumen, daß man sie als das Ganze bezeichnete, in welchem Gebet und Gesang sich nur als die Predigt begleitende Theile befänden.

§. 241.

Das Ganze ist die unsichtbare That des Kultus, die Erbauung der Gemeinde im Gesange in der selbstthätigen Darstellung, im Gebet in ihrem allgemein religiösen Bewußtsein, in der Predigt in ihrer aneignenden Receptivität.

---

## II. Die Theorie des Kirchengesanges.

§. 242.

Im Kirchengesange kommt ein zwiefaches Element in Betracht, einmal nämlich das poetische Element, welches den Inhalt des religiösen Selbstbewußtseins in sich schließt, sodann das musikalische Element, welches jenen Inhalt unter der Form des Empfindungs- und Gefühlslebens zur gemeinsamen Darstellung bringt.

§. 243.

Beide Elemente verhalten sich jedoch nicht wie Inhalt und Form auf dem abstrakten Gebiete der Sonderung, sondern wie das Empfindungsleben in seiner Manifestation durch den Gesang den geistigen Inhalt der Poesie schon in sich aufgenommen, und mit ihm sich zur wahrhaften Einheit des religiösen Lebens zusammengeschlossen hat, so auch hat die religiöse Poesie in der lebendigen Form des geistigen Gefühlslebens zugleich ihren Ursprung, und in der Bewegung zum kirchlichen Gesange liegt der Grund ihrer Manifestation.

§. 244.

Der religiöse Inhalt der kirchlichen Poesie schließt also die Form seiner Manifestation schon in sich; und die Form des religiösen Gesanges wird im Kultus ein Darstellungsmedium durch ihre lebendige Einheit mit jenem Inhalt.

§. 245.

Die wissenschaftliche Theorie des Kirchengesanges muß demnach bei Darstellung der einzelnen Elemente zugleich von ihrer höhern Einheit ausgehen; und das poetische sowohl als das musikalische Element des Kirchengesanges kann nur so richtig dargestellt werden, daß jedes Moment in beidem als ein Moment jener höhern Einheit nachgewiesen und dargestellt werde.

§. 246.

Das poetische Element des Kirchengesanges ist zwar die schon gewordene Kunstdarstellung des religiösen Inhalts, aber in Beziehung auf den Kultus ist die religiöse Poesie ohne den Kirchengesang noch das an sich seiende Element.

§. 247.

In der Einheit mit dem musikalischen Elemente wird das poetische Element das wahrhaft konkrete Lebenselement des Kultus; es ist so nicht mehr an und für sich, sondern sein Sein ist zugleich seine Manifestation, ein Sein für Andere.

§. 248.

Als ein solches Element schließt es sich im Kultus mit den übrigen Elementen desselben zusammen, und erhebt sich so zu einem wirklich organischen Bestandtheil des evangelischen Kultus. Auf dieser dreifachen Stufe seiner Lebensbewegung ist nun der Kirchengesang näher zu betrachten.

## Erster Abschnitt.

### Die religiöse Poesie als das noch an sich seiende Element des Kirchengesanges.

§. 249.

Die religiöse Poesie ist theils ein werdendes, theils ein schon gewordenes. Betrachtet die Theorie sie als ein werdendes, so hat sie allgemeine Regeln über die religiöse Dichtung aufzustellen; betrachtet sie dieselbe als ein gewordenes, so hat sie die Regeln und Gesetze über ihren kirchlichen Gebrauch aufzustellen.

§. 250.

Da die religiöse Poesie ihrer Form nach mit dem allgemeinen Kunstgebiete der Poesie überhaupt zusammenfällt, so hat die kirchliche Theorie hierbei sich nicht zu verweilen, sondern nur ihren Charakter und ihre wesentlichen Merkmale als kirchliche Poesie zu bezeichnen.

§. 251.

Der kirchlich religiöse Dichter kann nur inmitten der Kirchengemeinschaft und in der lebendigsten Theilnahme am Kultus der Kirche mit seinen Produktionen dienstbar werden.

§. 252.

Je mehr der religiöse Dichter noch auf dem allgemeinen Standpunkt der Dichtkunst überhaupt steht, und je mehr er sich hinwendet zur poetischen Darstellung eines religiösen Inhalts, der den ganz allgemeinen, nicht aber den besondern kirchlich christlichen Charakter an sich trägt, desto weniger werden seine Produktionen für die kirchliche Gemeinschaft sich eignen.

§. 253.

Da aller religiöse Inhalt des christlichen Selbstbewußtseins ein durch die allgemeine Erfahrung gewordener, und ein durch die Kirchenlehre bezeichneter ist, und wiederum da derselbe Inhalt auch ein in der individuellen Erfahrung werdender, und im kirchlichen Leben frei sich entwickelnder ist, so ist auch der religiöse Dichter entweder an das eine oder das andere mit seinen Produktionen überwiegend gebunden.

§. 254.

Wenn die Kirchengemeinschaft in Epochen ihrer geschichtlichen Entwickelung sich befindet, so ist der religiöse Dichter auch an jenen Charakter der allgemein kirchlichen Erfahrung mehr gebunden, und seine Produktionen tragen den liturgischen Charakter des in der Kirchenlehre festgewordenen religiösen Inhalts an sich.

§. 255.

Wenn die Kirchengemeinschaft in der ruhigen Entwickelung der Perioden sich befindet, so trägt die religiöse Poesie überwiegend das Gepräge der individuell kirchlichen Erfahrung an sich.

§. 256.

Jenes kirchlich festgewordene und in der Lehre bestimmte Element der religiösen Poesie darf jedoch niemals in das wissenschaft dogmatische, und dieses individuelle und freie Element niemals in das willkürliche, der Kirchenlehre fremdartige und widersprechende ausarten.

§. 257.

In jenem allgemeinen Element des Kirchenliedes bewegt sich der religiöse Dichter in dem symbolischen Element der Kirche; der Inhalt seiner Darstellung ist der ihm von der Kirche gegebene, und die Form der Darstellung nähert sich überwiegend dem kirchlichen Lehrtypus in der Formel.

§. 258.

Dieses allgemeinen Charakters ungeachtet wird beides, jener Inhalt und diese Form, mit dem poetischen Element dichterischer Darstellung zusammengeschlossen, und das liturgische Kirchenlied ist nicht Prosa, sondern Poesie.

§. 259.

In dem individuellen Element des Kirchenliedes bewegt sich der religiöse Dichter zugleich in seiner persönlichen Erfahrung; der Inhalt seiner Darstellung erwächst ihm auf dem Boden seiner Individualität, und als solcher individueller Inhalt schließt er sich mit der Form überwiegend poetischer Darstellung zusammen.

§. 260.

Dieses individuellen Charakters ungeachtet darf das Kirchenlied nie in das allgemein poetische ausarten, so wie auch in keinem Falle einen der kirchlich religiösen Gemeinschaft unverständlichen Inhalt zur Darstellung bringen.

§. 261.

Muß der religiöse Dichter auch begabt sein mit den höhern Kräften poetisch künstlerischer Produktion überhaupt, so ist es doch eine noch wesentlichere Forderung, daß er mit seinem religiösen Leben auch ganz eingewurzelt ist in der religiösen Gemeinschaft, welcher er angehört, und in welcher er nur zu Schöpfungen religiöser Poesie befruchtet werden kann.

§. 262.

Das, was als Kunsttalent im religiösen Dichter vorausgesetzt wird, ist ganz in den Inhalt seiner Schöpfungen übergegangen, und sowohl die Urbildung als die Konception und Darstellung eines religiösen Liedes manifestiren nur die Fortbewegung eines und desselben Inhalts des kirchlich religiösen Lebens.

§. 263.

Das Künstlerische der religiösen Poesie ist als Darstellungsform in den Inhalt des religiösen Liedes übergegangen; die Kunst ist hier zum religiösen Leben geworden, indem die

Kunstform nicht mehr die leere, sondern zugleich der Inhalt des religiösen Lebens, und der Inhalt des religiösen Lebens nicht mehr der in sich verharrende, sondern der sich manifestirende lebendige Inhalt ist, und auf dieser höchsten Einheit, in welcher Form und Inhalt in einander übergegangen sind, beruht die Wahrheit und Wesenheit des religiösen Kirchenliedes.

§. 264.

Wenn in der religiösen Poesie ein Inhalt zur Darstellung kommt, der in dem Quell des kirchlich religiösen Lebens nicht nachgewiesen werden kann, so geht die Keuschheit des religiösen Kirchenliedes verloren; und wenn das Poetische an sich und als Kunstform sich geltend machen will, so ist die Simplicität des Kirchenliedes verletzt.

§. 265.

Je lebendiger der religiöse Dichter in seiner Kirchengemeinschaft versirt, und je mehr nur ganz die Frömmigkeit die sich manifestirende Kraft seines Lebens ist, desto Tüchtigeres wird er leisten. Daher die wahrhaft erbaulichen Kirchenlieder auch immer von den frömmsten Kirchenlehrern gedichtet worden sind.

§. 266.

Lenkt die Theorie ihre Untersuchungen auf die gewordene religiöse Poesie, so wird sie Regeln darüber aufzustellen haben, wie die Sammlungen der Kirchenlieder für den Kultus zu veranstalten, und nach welchen Grundsätzen der Geistliche die lokal eingeführten Sammlungen zu gebrauchen habe.

§. 267.

Es liegt in der Natur der Sache, daß der Kirchengesang überall an bestimmte Kollektionen gebunden erscheint, und der gesammte Liederschatz der evangelischen Kirche bildet eine wesentliche Grundlage des Kultus derselben.

§. 268.

Da der Schatz der evangelischen Kirchenlieder unendlich reichhaltig ist, so kann durch freie Auswahl eine Mehrheit von evangelischen Kirchengesangbüchern entstehen.

§. 269.

Wenn bei dieser Auswahl auf die Principien des evangelischen Kultus, und auf dessen Vollständigkeit zurückgegangen wird, und wenn die Lieder nach den wesentlichen Grundzügen des Kirchengesanges sowohl im Einzelnen als auch in der Komposition des Ganzen ausgewählt werden, so ist die Mehrheit der evangelischen Gesangbücher, weil darin der ganze Liederschatz benutzt werden kann, vielmehr der Kirche vortheilhaft als schädlich.

§. 270.

Die Principien, nach welchen solche Sammlungen veranstaltet werden, ergeben sich aus der Natur des Kirchengesanges, und aus der Art, wie der Kirchengesang mit den übrigen Bestandtheilen des Kultus zusammentritt und ein organisches Ganze bildet.

§. 271.

Da der Kultus der evangelischen Kirche außer dem Kirchengesange noch das liturgische Element und die Predigt als Hauptbestandtheile in sich schließt, so wird das oberste Princip für die Redaktion eines Kirchengesangbuches dieses sein, daß in hinlänglicher Quantität sowohl solche Lieder aufgenommen werden, welche den symbolischen Charakter überwiegend an sich tragen, und mit dem liturgischen Element sich zusammenschließen, als auch solche, welche in überwiegend individueller Lebendigkeit in einer nähern und unmittelbaren Beziehung zur Predigt stehen.

§. 272.

Da das liturgische Element selbst ein in sich mannigfaltiges ist, so wird auf diese Mannigfaltigkeit auch bei der Auswahl der Kirchenlieder nothwendige Rücksicht zu nehmen sein; und da das Wort Gottes in der Predigt durch alle Stufen göttlicher Gnadenerweisung in einem Kirchenjahr der Gemeinde verkündigt wird, so wird die Auswahl der Kirchenlieder nach der Idee des Kirchenjahres eine bestimmte und schon bezeichnete.

§. 273.

Auch der Kultus, der mehr den kasuellen Charakter an sich trägt, wird bei der Redaktion eines Kirchengesangbuches zu berücksichtigen sein.

§. 274.

Da die Principien für die Redaktion eines Kirchengesangbuches auf der richtigen Einsicht in das Wesen des Kultus beruhen, und da die gründliche Erkenntniß der religiösen Bedürfnisse der ganzen Kirchengemeinschaft für die Veranstaltung einer Sammlung von Kirchenliedern nothwendig vorausgesetzt werden muß, so liegt hierin der Grund, daß der Einzelne nicht leicht eine solche Sammlung für sich unternehmen wird.

§. 275.

Unternimmt sie aber auch der Einzelne oder mehrere Einzelne in Gemeinschaft, und werden sie dabei auch von jener Einsicht und Erkenntniß geleitet, so muß sich das Kirchenregiment doch vorbehalten, jede solche sich geltend machende Sammlung nach den höchsten Grundsätzen ihres liturgischen und kirchlichen Gebrauchs zu prüfen, und ihr dann erst volle Gültigkeit zu gewähren.

§. 276.

Eine Geschichte des evangelischen Kirchenliedes ist noch ein tief gefühltes Bedürfniß; sie ließe sich durchführen an dem dreifachen Charakter der religiösen Liederdichtung. Dieser dreifache Charakter ist bezeichnet: 1) durch die Epoche der Reformatoren, in welcher das Kirchenlied mit symbolisch kirchlichem Charakter vorherrscht; 2) durch die mystische Periode, deren Charakter die persönliche Eigenthümlichkeit ist, und ins Ende des 17. und in den Anfang des 18. Jahrhunderts fällt. 3) Die neuern Kirchenlieder, welche sich in einer veränderten Sprachform zu erkennen geben, und in einer Sprachverbesserung, die nicht immer das Richtige getroffen hat.

§. 277.

Die vorhandenen Kirchengesangbücher sind nicht nach dem Zusammenhange des Kultus, und nach den oben genannten Principien geordnet, aber in allen werden Lieder, wenn auch in untergeordneter Auswahl, von dem eben angedeuteten differenten Inhalte angetroffen.

§. 278.

Je mehr in einem Kirchengesangbuche die Liedermasse noch chaotisch und zerstreut ohne ein ordnendes Princip vorliegt, desto mehr wird die kirchliche Thätigkeit der Geistlichen bei der freien Auswahl der Kirchenlieder für den Kultus in Anspruch genommen.

§. 279.

Noch mehr wird dieses Geschäft erschwert, wenn der Geistliche an eine Kollektion gebunden ist, in welcher es sich zu erkennen giebt, daß die Sammlung von der einseitigen Tendenz einer bestimmten theologischen Richtung, und von der Kritik der Sprachverbesserung ausging.

§. 280.

Dem Geistlichen kann in diesem Falle nicht gewehret werden, durch einen Anhang zu ergänzen, was ihm nothwendiges und in der Gemeinde gefühltes Bedürfniß ist; aber ein solcher Liederanhang muß ebenfalls der Revision und dem Gutachten des Kirchenregiments überwiesen werden.

§. 281.

Die Wahl der Kirchenlieder für den öffentlichen und casuellen Gottesdienst ist ein Hauptgeschäft des Geistlichen, das er mit aller Gewissenhaftigkeit zu treiben hat, und woran er seine Tüchtigkeit als Liturge bewähren kann.

§. 282.

Die Hauptgrundsätze, die er hierbei zu verfolgen hat, ergeben sich aus seiner Einsicht in das Wesen des Kultus, welche Einsicht aber keine bloß subjektive und willkürliche, sondern kirchlich und wissenschaftlich allgemein begründete sein soll.

§. 283.

Hauptregeln bei der Auswahl der Kirchenlieder für den Kultus sind, 1) daß für den liturgischen Theil des Gottesdienstes auch nur die ihm entsprechenden Kirchenlieder von überwiegend symbolischem Charakter gewählt werden; 2) daß bei der Auswahl derjenigen Lieder, die unmittelbar vor und nach der Predigt gesungen werden, zwar auf den Inhalt der Predigt Rücksicht genommen werde, aber vielmehr, wie dieser Inhalt als ein kirchlich bestimmter, und nicht als ein individuell erzeugter und in der Besonderung hervortretender sich zu erkennen giebt; 2) daß für den casuellen Gottesdienst auch das Lied am meisten in seiner casuellen Besonderung gewählt werde, jedoch auch mit kirchlicher Bestimmtheit.

§. 284.

Nicht minder wichtige Kautelen und Regeln bei der Wahl der Kirchenlieder sind: daß der Geistliche namentlich mit den liturgischen Liedern, welche an den bestimmten Punkten des Festcyklus hervortreten, nicht zu oft wechsele, sondern durch ihre öftere Wiederholung ihren kirchlichen Charakter, und darin ihre Erbaulichkeit in einem höhern Grade erscheinen lasse; ferner daß der Geistliche bei der Wahl des sogenannten Hauptliedes oder des Liedes unmittelbar vor der Predigt, nicht durch den ethischen Inhalt seiner Predigt in seiner abstrakten Besonderung sich verleiten lasse, ein ähnliches Lied von gleichem Charakter zu suchen; denn den meisten sogenannten moralischen Liedern liegen subjektive und willkürliche Maximen zu Grunde; endlich hat der Geistliche im casuellen Gottesdienste bei der Auswahl der Kirchenlieder auch darauf zu achten, daß er nicht allzu sehr in das persönliche und individuelle Element eingehe, sondern in jedem besondern Falle das Eigenthümliche zwar hervorhebe, aber zugleich dasselbe in den allgemeinen Charakter des kirchlich Religiösen übergehen lasse.

## Zweiter Abschnitt.

### Das Kirchenlied in seiner Einheit mit dem musikalischen Elemente.

§. 285.

Kommt der religiöse Inhalt des Kirchenliedes im Kultus zur Darstellung, so geht er als solcher über in das religiöse Bewußtsein der Gemeinde, und die Form dieses Ueberganges ist das musikalische Element des Tons, wie es als Manifestations-Medium geistigen Inhalts zunächst durch das Organ der menschlichen Stimme erzeugt wird.

§. 286.

In solchem Uebergange und solcher Zusammenschließung ist das Kirchenlied der religiöse Gesang, der als Kultusbestandtheil seinen höchsten Zweck religiöser Erbauung darin hat, daß er Darstellung des religiösen Selbstbewußtseins in und durch die Thätigkeit der Gemeinde ist.

§. 287.

Der religiöse Gesang steht zunächst als musikalisches Element im Zusammenhange mit dem allgemeinen Elemente des Gesanges, und beruht auf denselben Kunstregeln, wie die Theorie des Gesanges überhaupt; als Kirchengesang aber grenzt er sich dennoch in seiner absoluten Einfachheit in dem bestimmten Charakter des Choralgesanges ab.

§. 288.

Der Choral beruht seinem wesentlichen Charakter nach auf dem langsamen Uebergange der Intervallen, und auf der dem Rhythmus des religiösen Liedes angemessenen einfachen Komposition der Melodie.

§. 289.

Durch das langsame Fortschreiten in den Intervallen wird alles Epideiktische in der Tonverbindung vermieden, und durch die einfache Komposition der Melodie erschließt sich das Empfindungsleben dem höhern Inhalt des religiösen Liedes.

§. 290.

Durch beides zusammen genommen erhält der religiöse Gesang seine höchste Bestimmung im Kultus, die fromme Darstellung des religiösen Selbstbewußtseins der Gemeinde durch ihre eigne Thätigkeit zu sein.

§. 291.

Wie dem religiösen Dichter seine Produktionen hervorgehen aus seiner lebendigen Gemeinschaft mit der Kirche, so auch dem religiösen Komponisten; beide verhalten sich in Hinsicht auf den Ursprung ihrer Kompositionen vollkommen gleich, und produciren in Beziehung auf die Gemeinde, und aus dem Quell ihres christlich religiösen Lebens.

§. 292.

Außer dem Choralgesange giebt es im Kultus auch einen Wechselgesang, welcher in einer vierfachen Form hervortreten kann. Er kann gedacht werden als Wechselgesang durch Theilung der Gemeinde, als Wechselgesang zwischen der Gemeinde und dem Geistlichen, als Wechselgesang zwischen Chor und Gemeinde, und zwischen Chor und Geistlichen.

§. 293.

Da jeder Wechselgesang die Gemeinde theilweise oder momentan aus der Selbstthätigkeit heraushebt, die im religiösen Gesange ihr wesentliches Leben ist, so ergiebt sich hieraus, daß kein Wechselgesang im Kultus dem Choralgesange der ganzen Gemeinde gleich gestellt werden kann.

§. 294.

Der Wechselgesang innerhalb der Gemeinde und durch Theilung derselben, so wie der Wechselgesang zwischen Chor und Gemeinde, hebt auch die aneignende Thätigkeit der Gemeinde dem Liturgen gegenüber auf, und läßt sich auf keine Weise in der evangelischen Kirche rechtfertigen.

§. 295.

Der Wechselgesang zwischen Gemeinde und dem Liturgen läßt die Gemeinde in ihrer aneignenden Thätigkeit verharren; aber ein solcher Gesang muß seiner Natur nach näher bestimmt, und in gewissen Grenzen znsammengehalten werden.

§. 296.

Da der Geistliche nur als Liturge, das heißt betend, in ein solches Verhältniß zur Selbstthätigkeit der Gemeinde treten kann, und da die Gebete und Liturgien das Gebiet der Prosa, welche mit dem musikalischen Elemente nichts zu thun hat, bilden, so ist kein Grund abzusehen, warum der Liturge in dem mnsikalischen Elemente des Gesanges die Gebete zur Darstellung bringen sollte.

§. 297.

Da die Gebete des Liturgen der gefühlte Inhalt des religiösen Selbstbewußtseins der Gemeinde sind, und da die Gemeinde in dem Choralgesange ohnehin in den angemessenen Wechsel ihrer Selbstthätigkeit mit der Darstellung des Liturgen tritt, und in dem Gesange ausdrückt, was der Liturge gesprochen hat, so scheint für den evangelischen Kultus das Natürlichste der Wechsel des Choralgesanges mit den gesprochenen Gebeten des Liturgen zu sein.

§. 298.

Wenn der Gesang zwischen Gemeinde und Liturgen wechselt, so ist dies die Form des Recitativ-Gesanges, der sich nur eignet für gewisse, liturgisch vorgeschriebene, inhaltsreiche Sätze, die nach Rhythmus und Inhalt in natürlich correspondirende Glieder sich spalten, von denen der Liturge das eine intonirt, das andere aber von der Gemeinde als Responsorium gesungen wird.

§. 299.

Solche Recitativ-Gesänge haben einen weit zurückgehenden geschichtlichen Ursprung, und haben im Kultus überwiegend ihren Ort in der sogenannten Altarliturgie, wo sie mit dem unendlichen Reichthum ihres Inhalts die besondern Gebete und biblischen Abschnitte in ein harmonisches Ganze zusammenschließen.

§. 300.

Wenn die evangelische Kirche von dem Grundsatz ausgeht, das Gebet des Liturgen vor der Predigt in seinem nothwendigen und wesentlichen Inhalte nur in ein Ganzes zusammenzufassen, und das Vorlesen der biblischen Abschnitte dabei ganz fallen zu lassen, so verliert der Recitativ-Gesang seine Existenz im Kultus, und es läßt sich ein Ort in irgend einem andern Theil desselben nicht mehr nachweisen.

§. 301.

Der Ursprung des Chors in der evangelischen Kirche läßt sich auf eine günstige und ungünstige Weise erklären. Je mehr man nämlich auf seinen geschichtlichen Ursprung zurückgeht, desto mehr hängt er noch zusammen mit dem Meßkanon der katholischen Kirche, und trat ein, als die Sprache im Kultus dem Volke eine unbekannte wurde.

§. 302.

Betrachtet man ihn als ein Zusammentreten Solcher, die auf kunstgerechte Weise im Gesange für den Kultus geübt worden sind, so kann durch ihn die Gemeinde in ihrem Gesange theils geleitet, theils kann durch einen solchen Chor, als Gesangschule betrachtet, ein mehrstimmiger Kirchengesang erzielt werden.

§. 303.

Im erstern Falle ist der Chor zu betrachten als begleitende und regelnde Vocalmusik, und kann in einem größern Umfange die Stelle der Instrumental-Musik, insofern solche nur leitend und stützend betrachtet wird, vollkommen vertreten.

§. 304.

Wo ein solcher Chor aus der erwachsenen Jugend in der evangelischen Gemeinde sich gebildet hat, und wo er die Fertigkeit im Singen niemals als solche epideiktisch hervorhebt, sondern sich selbst als andächtiger Bestandtheil der in Andacht versunkenen Gemeinde zu erkennen giebt, da ist seine Erscheinung eine höchst wünschenswerthe.

§. 305.

Im entgegengesetzten Falle, und im Zustande der Zerstreuung, wirkt er nachtheilig auf die Andacht der Gemeinde, weil in derselben die absolute, gemeinsame, religiöse Bewegung durch den heiligen Geist vorausgesetzt wird.

§. 306.

Wenn aus einem solchen Chor, in welchem die Kunstfertigkeit im religiösen Gesange mit religiösem Bewußtsein und zu religiösen Zwecken hervorgerufen wird, die Einzelnen zurücktreten und Glieder der Gemeinde werden, so wird das erreicht, was man einen kunstgerechten Choralgesang nennt.

§. 307.

Da ein kunstgemäßer Kirchengesang der religiösen Selbstthätigkeit der Gemeinde auch die künstlerisch kirchliche Darstellungsform ertheilt, so hat der Chor hierin seine höchste Bedeutung im Kultus.

§. 308.

Ein mehrstimmiger Kirchengesang wird von vielen als ein wesentliches, von vielen auch als ein unwesentliches Element des evangelischen Kultus betrachtet.

§. 309.

Der mehrstimmige Kirchengesang ist als eine Vervollständigung der Harmonie zu betrachten, und da die harmonische Vielheit des Tones sich immer in derselben Einheit der Melodie auflöst, so wird durch den mehrstimmigen Gesang die musikalische Form des Liedes intensiv erhöht, und in der Melodie doch sein einfacher Charakter bewahret.

§. 310.

Wie eine vollständigere Harmonie den Inhalt der Melodie ergreifender in das Empfindungsleben übergehen läßt, so muß auch ein mehrstimmiger Kirchengesang der religiösen Erbauung noch in einem höhern Grade dienen, als der einstimmige Kirchengesang.

§. 311.

Der natürliche Gegensatz der weiblichen und männlichen Stimme ersetzt jene vollständige Harmonie in keinem Falle, und es ist nicht abzusehen, warum der mehrstimmige Kirchengesang in der evangelischen Kirche nicht erzielt werden sollte.

§. 312.

Nur durch einen vollkommen eingerichteten Chor, so wie durch das Bestreben, den Volksgesang auf allen Stufen seiner Ausbildung und namentlich durch die Schulen immer mehr zu heben, ist ein mehrstimmiger Kirchengesang zu erzielen.

§. 313.

Der Chor vertritt in dem sogenannten Recitativ-Gesange auch die Stelle der Gemeinde, er singt alsdann kunstgemäß die Responsorien.

§. 314.

Diese Responsorien lassen sich alsdann weiter in das musikalische Element hineinziehen und es kommt, auch wo die Gemeinde nicht kunstgemäß singt, doch ein kunstgemäßes Element des Gesanges im Kultus zum Vorschein.

§. 315.

Wenn der Liturge spricht und der Chor kunstgemäß respondirt, so befindet sich die Gemeinde ebenso receptiv dem Chor wie dem Liturgen gegenüber.

§. 316.

In solchem Falle ist die Gemeinde im Kultus nur so denkbar, daß sie den Inhalt dessen, was der Chor singt, sich ganz angeeignet hat, und nur in dieser Receptivität einen andern produciren läßt, was sie selbst zu produciren nicht die Kunstfertigkeit hat.

§. 317.

Als Begleitung des Kirchengesanges erscheint im Kultus die Instrumental-Musik, und von allen Instrumenten nimmt nach diesem Zwecke hin die Orgel den ersten Rang ein. Es giebt aber eine günstige und eine ungünstige Erklärung über den Gebrauch der Orgel beim Kirchengesange.

§. 318.

Die günstige Erklärung sieht die Begleitung der Orgel an als eine wesentliche Unterstützung des Kirchengesanges. Sie behauptet mit Recht, daß die Orgel die einstimmig singende Gemeinde nicht leicht unter einen bestimmten Ton herunter fallen läßt; daß sie durch die Fülle ihrer Harmonie alle Unebenheiten einer im Singen nicht geübten Gemeinde auflöst, daß sie dazu dient, die Pausen des Gesanges auf kunstgemäße Weise durch Zwischenspiele auszufüllen; und daß sie im angemessenen Vor- und Nachspiel die natürlichen Uebergangsstufen von dem noch unerfüllten zu dem wirklich erfüllten Moment des Kultus bildet.

§. 319.

Alle diese Vortheile, welche die Orgel darbietet, gewährt in einem noch höhern Grade eine für die Begleitung des Kirchengesanges gebildete Singschule.

§. 320.

Die ungünstige Erklärung für den Gebrauch der Orgel beim Kirchengesange geht davon aus, daß die Gemeinde durch die Gewöhnung an die Orgelbegleitung die kunstgemäße Uebung im eignen Gesange vernachlässiget; daß die Orgel durch die einzeln wiederkehrenden Pausen die Freiheit des religiösen Dichters beschränkt, und daß, weil ein kunstgemäßes Spiel der Orgel ein höheres Talent voraussetzt, im Kultus großer Mißbrauch mit derselben getrieben wird.

§. 321.

Bei einem vollkommen eingerichteten Chor wird die Gemeinde im kunstgemäßen Kirchengesange unausgesetzt geübt, der Dichter wird weniger an zufällige Pausen gebunden, und es können also solche Nachtheile, wie beim Gebrauch der Orgel, hier nicht zum Vorschein kommen.

§. 322.

Ist es nicht leicht zu vermeiden, daß bei einer wohl eingerichteten Singeschule auch das Epideiktische in der Kunstproduktion hervortritt, so zeigt sich derselbe Nachtheil auch beim Orgelspiel, und zwar in einem um so größern Grade, je mehr der Spielende sich der Virtuosität erfreut.

§. 323.

Wenn die Vortheile, welche die Orgel als Begleitung des Kirchengesanges darbietet, durch ein wohl eingerichtetes Chor in einem noch größern Umfange erreicht werden; und wenn die Nachtheile, welche durch dieselbe im Kultus zum Vorschein kommen, durch den Chor vollkommen beseitigt werden, so scheint in der That der Chor die Orgel im Kultus überflüssig zu machen.

§. 324.

Die Orgel manifestirt das Element des Tons auf eine solche eigenthümlich erhabne Weise, daß sie von allen musikalischen Instrumenten das Empfindungsleben am leichtesten in die religiöse Gemüthsbewegung übergehen läßt.

§. 325.

Dieses bewirkt sie nicht dadurch, daß sie quantitativ den Gesang regelt, sondern darin, daß im melodischen und harmonischen Umfange ihrer Töne eine mystische Sehnsucht nach der Vereinigung mit der menschlichen Stimme im Gesange ruht; und hierdurch wird sie das Instrument, das auf naturgemäße Weise den Kirchengesang begleiten muß.

§. 326.

Wenn die Vokalmusik überhaupt in einer naturgemäßen Verbindung mit der Instrumentalmusik steht, und wenn auch im Kultus sich diese Identität irgend wie manifestiren muß, so ist es hier überwiegend die Orgel, durch welche jene naturgemäße Verbindung erzielt wird.

§. 327.

In der Orgel nämlich repräsentiren sich alle Instrumente, und zwar auf die Weise, wie sie sich mit der Vocalmusik des religiösen Gesanges am einfachsten und daher am vollkommensten zusammenschließen.

§. 328.

Aus diesem Grunde hat die Orgel einen heiligen Gebrauch im Kultus geschichtlich erhalten, und wird ihn auch niemals verlieren.

§. 329.

Die oben angedeuteten Nachtheile lassen sich sämmtlich beseitigen, wenn neben der Orgel noch ein wohl eingerichtetes Chor im Kultus vorhanden ist, und wenn diejenigen, welche die Orgel spielen, sowohl in der musikalischen Kunstfertigkeit im Allgemeinen mehr geübt, als auch insbesondere, wenn in ihnen die höhere Bedeutuug des Kultus mehr geweckt, und darin ein höherer Geschmack an der Kirchenmusik hervorgerufen wird.

§. 330.

Nächst der Orgel sind es gewisse Blas-Instrumente, welche naturgemäß den Kirchengesang begleiten und gegen deren Gebrauch, wenn sie kunstgemäß behandelt werden, nichts einzuwenden ist.

§. 331.

Da durch dergleichen Instrumente eine größere Fülle in den Tönen der Melodie erreicht wird, so eignen sie sich mehr für den Gesang außerhalb der Kirchengebäude, wie z. B. auf dem Gange zu Kirchhöfen, als für den öffentlichen Kultus. Nur muß ihr Gebrauch niemals auf solche Weise zum Vorschein kommen, daß kirchliche Akte dadurch vor andern bevorzuget werden.

§. 332.

Werden sie auch im öffentlichen Kultus gebraucht, so läßt es sich nicht bestimmen, wenn und wie oft ihre Begleitung erlaubt sein kann; und aus diesem Grunde möchten sie überhaupt aus dem öffentlichen Kultus zu verweisen sein.

§. 333.

Der Figural-Gesang mit Instrumentalmusik läßt sich als ein wesentlicher Bestandtheil des Kultus durchaus nicht rechtfertigen. Kommt er aber in Anwendung, so geht man von der schon gemißbilligten Ansicht aus, daß gewisse Zeiten des Kultus, wie z. B. die festlichen, auch einer größern Ausschmükkung in den Kunstformen bedürfen.

§. 334.

Solche Figuralgesänge mit vollständiger Instrumental-Begleitung, an welchen die Gemeinde nur hörend Antheil nimmt, rauben ihr ihre Selbstthätigkeit und rufen in ihr eine Aufmerksamkeit auf die Musik hervor, welche der Andacht im Kultus zum Nachtheil gereicht, und das, was den höhern festlichen Charakter des Kultus bildet, wird durch solche fremdartige und ungewohnte Bestandtheile in der That mehr zurückgedrängt als befördert.

## Dritter Abschnitt.

### Das Kirchenlied in seiner Einheit mit den übrigen Kultusformen.

§. 335.

Der Gesang, welcher unter der Form des Empfindungslebens die lebendige Darstellung des religiösen Selbstbewußtseins der Gemeinde durch ihre eigne Selbstthätigkeit im Kultus ist, schließt sich seinem Inhalte nach zusammen mit den Kultusformen des Gebetes und der Predigt.

§. 336.

Sein Inhalt ist wie der des Gebetes und der Predigt der religiöse Inhalt des christlich frommen Selbstbewußtseins, und wenn er auf eigenthümliche Weise in der Identität des poetischen und musikalischen Elements, unter der Form des religiösen Empfindungslebens sich manifestirt, so ist er als solcher Inhalt doch eben so wesentlich der des religiösen Gefühls als der des religiösen Gedankens.

§. 337.

Als solcher allgemein religiöser Inhalt ist er niemals an und für sich, sondern er ist die religiöse Erbauung zugleich in seinem Zusammensein mit dem Gebete und der Predigt; der Kirchengesang ist so ein organisches Glied des evangelischen Kultus.

§. 338.

Als solcher organische Bestandtheil hat er die Kraft seines Lebens zugleich in der Einheit mit den andern Lebenselementen des Kultus, und erst in dieser Einheit erscheint er in seiner Wahrheit, und erreicht seine höchste Bedeutung, nämlich die religiöse Erbauung im Kultus zu sein.

§. 339.

Diese seine Einheit mit den andern Kultusformen ist ihrem Wesen nach schon aufgezeigt in der Konstruktion des Kultus, aber sie muß noch nachgewiesen werden in ihrer besondern Stellung zu den sich gesetzmäßig manifestirenden und in die Erscheinung tretenden Theilen des Kultus.

§. 340.

Da, wo in der Selbstthätigkeit des Geistlichen die natürlichen Uebergänge in die Selbstthätigkeit der Gemeinde eintreten, hat der Gesang der Gemeinde den zeitlichen Moment seiner Erscheinung.

§. 341.

In der Selbstthätigkeit des Geistlichen kann der Kultus niemals beginnen, weil die Receptivität der Gemeinde für dieselbe nothwendig vorausgesetzt werden muß, und diese kann sich als solche niemals anders als vorhanden manifestiren als in ihrer Selbstthätigkeit, wie sie im Gesange hervortritt.

§. 342.

Der Kultus beginnt demnach mit dem religiösen Gesange der Gemeinde; der Inhalt eines Anfangsliedes muß sich seiner Natur nach näher bestimmen lassen.

§. 343.

Das, was sich nothwendig in dem Anfangsliede des Kultus manifestiren muß, ist dieses, daß die Versammlung sich fühlt und erkennt als Gemeinde Gottes in der Kirchengemeinschaft; und in diesem Gefühl und in dieser Erkenntniß grenzt sich der Kultus in seiner Wesenheit von allen andern Lebensformen, so wie auch der häuslichen Erbauung, ab, und darin zeigt sich die religiöse Receptivität der ganzen Gemeinde.

§. 344.

Hieraus ergiebt sich, daß das Anfangslied keinen andern Inhalt haben kann und darf, als den der allgemein kirchlichen Erfahrung, daß demnach sein Charakter ein symbolisch kirchlicher ist, mit der individuellen Hindeutung auf den heiligen Zweck der religiösen Erbauung im Kultus.

§. 345.

Den öffentlichen Kultus mit einem Morgenliede anzufangen, hat seinen Grund in einer höchst unvollkommenen Erscheinung, daß die Gemeinde unter dem Anfangsliede sich erst versammelt, und daß so nur die Einzelnen noch für sich seiend ihre Morgenandacht fortsetzen, und in derselben zum Kultus sich vorbereiten.

§. 346.

Vor der Predigt erscheint das liturgische Gebet des Geistlichen, welches, seinem kirchlich symbolischen Charakter nach, nur an ein Lied allgemein kirchlichen Inhalts sich anschließen kann, so daß, wo am Anfange des Gottesdienstes noch Morgenlieder gesungen werden, der Uebergang in das liturgische Gebet unmöglich gemacht wird.

§. 347.

Wird das Gebet vor der Predigt im liturgischen Ritus ununterbrochen bis zu seiner Vollendung fortgeführt und begrenzt sich dasselbe seinen besondern Bestandtheilen nach nur durch Recitativ-Gesänge oder durch Responsorien des Chors, so ist der allgemein kirchliche Inhalt des religiösen Lebens der Gemeinde, wie er sich im Gesange in ihrer eignen Selbstthätigkeit manifestirt, mit in das Gebet des Liturgen übergegangen, und nach einer solchen Liturgie kann das Hauptlied der Gemeinde unmittelbar beginnen.

§. 348.

Eine solche Altarliturgie zeigt sich zwar als ein Ganzes auch in der Einheit ihres zeitlichen Verlaufs, aber es entsteht dadurch dennoch ein zu schneller Wechsel in dem für sich sich abgrenzenden Gebetsinhalt, und die Responsorien des Chors können den naturgemäßen Uebergang nicht wiederherstellen, indem die Gemeinde in eine zu lang anhaltende Receptivität versetzt bleibt.

§. 349.

In einer solchen, in einer durch den Choralgesang nicht unterbrochenen Einheit sich darstellenden, Liturgie stellt sich an einem bedeutsamen Orte auch das allgemeine Glaubensbekenntniß der Kirchengemeinde heraus, aber es erscheint doch eine wesentliche Forderung zu sein, daß in Beziehung auf die

Darstellung des allgemeinen Glaubensbekenntnisses die Gemeinde zuweilen selbstthätig erscheine.

§. 350.

So wird es Erforderniß, daß vor dem Hauptliede noch ein Lied im Kultus angeordnet erscheine, welches den Inhalt des Glaubensbekenntnisses überwiegend ausdrückt, und streng symbolisch kirchlicher Natur ist.

§. 351.

Dieses Lied wird als das Hauptkirchenlied zu betrachten sein, dem Wechsel am wenigsten unterliegen, und die Liturgie am geeignetsten da unterbrechen, und in zwei Akte theilen, wo in derselben die individuelle Beziehung auf die Predigt hervorbricht, an welche naturgemäß das Hauptlied sich anschließt.

§. 352.

Bestimmt sich so der Inhalt der Lieder, welche vor und zwischen der Liturgie von der Gemeinde gesungen werden, nach dem Inhalte der Liturgie selbst, so wird nun auch der Inhalt des Hauptliedes sich bestimmen nach dem Inhalte der Predigt.

§. 353.

Der Inhalt der Predigt spricht sich in seiner höchsten Einheit im Thema aus; das Hauptlied oder das Lied unmittelbar vor der Predigt wird also in Beziehung auf diese Einheit gewählt werden.

§. 354.

Diese Beziehung auf die Predigt drückt das Hauptlied nicht deswegen aus, damit die Gemeinde hierin nach ihrer Stimmung und religiösen Auffassungsweise auf die Predigt und deren Inhalt hingewiesen werde; vielmehr soll die Gemeinde sich selbst in diesem Bewußtsein festhalten, daß das göttliche Wort, das ihr verkündiget wird, die Wahrheit ihres eignen Lebens ist; daß sie darin nicht wie auf ein ihr Fremdes und

Unbekanntes erst hingewiesen werde; sondern in der frommen Betrachtung die Momente ihres eignen religiösen Lebens im Lichte des religiösen Gedankens zur Anschauung bringe, und durch die Kraft des sie bewegenden Geistes zur vollkommenen Klarheit des religiösen Lebens erhebe.

§. 355.

Deswegen bestimmt sich in den heiligen Zeiten kirchlicher Feste der Inhalt des Hauptliedes in Beziehung auf die Predigt von selbst, indem das religiöse Bewußtsein der Gemeinde den Inhalt der Predigt nach seiner höchsten Einheit in sich trägt; und aus eben demselben Grunde findet hier der geringste Wechsel in der Wahl der Hauptlieder Statt.

§. 356.

Ebenso stellt sich im Festgottesdienst das Hauptkirchenlied in der Liturgie als ein besonderes und bestimmt wiederkehrendes hervor, und die religiöse Dichtung hat solche Kirchenlieder in ihrer höchsten Vollkommenheit erzeugt.

§. 357.

Trennt im unbedingten Gottesdienst die Predigt von ihrem Introitus noch ein Gesang, so kann derselbe seiner Natur nach nur ein Minimum des Zeitmaaßes einnehmen, und schließt sich seinem Charakter nach enger an das Thema der Predigt als das Hauptlied unmittelbar vor der Predigt.

§. 358.

Den Schluß des Kultus bildet ebenfalls ein Gesang der Gemeinde, welcher auf das Gebet nach der Predigt folgt, aber seiner Natur nach sich auf den ganzen Kultus zurückbezieht.

§. 359.

Die Selbstthätigkeit der Gemeinde manifestirt im Schlußgesange ihr religiöses Leben, und zwar, wie ein Jeder in der Gemeinde durch die gemeinsame Erbauung des Gesanges,

Gebetes und der Predigt in demselben sich die göttlichen Gnadengaben der Beseligung und Heiligung angeeignet hat.

§. 360.

Nach dieser Rückwirkung auf den ganzen Kultus ist der Schlußgesang ein zusammengedrängter Ausdruck alles dessen, was als Inhalt des gesammten Kultus dagewesen ist, und was nun die Gemeinde als ihren höchsten Lebensinhalt mit in das Leben ihres Berufes hinausnimmt.

§. 361.

Da in der Predigt der in jedem Kultus sich manifestirende religiöse Inhalt in seiner höchsten Einheit zur Erscheinung kommt, so wird auch der Schlußgesang nach dieser Einheit hin sich herausstellen, aber er wird sich vom Hauptliede dadurch unterscheiden, daß er an diese Einheit sich in der Identität mit allen Kultusakten anschließt, und daß er dieselbe nicht exponirend, sondern auf kürzere Weise und nur zusammenfassend zur Darstellung bringt.

§. 362.

Der Kirchengesang in den Formen des casuellen Gottesdienstes stellt sich gleichfalls im organischen Zusammenhange mit der religiösen Rede und dem Gebete heraus, und im Ganzen genommen werden dieselben Grundsätze auf diesem Gebiete zu verfolgen sein, wie beim öffentlichen Sonntags- und Festgottesdienste.

§. 363.

Der casuelle Inhalt wird auch in denjenigen Liedern am meisten vorwalten, die nach der Analogie des Hauptliedes der Rede am nächsten stehen. Je mehr dagegen das Lied noch vor der casuellen Rede und unter den Gebeten zu stehen kommt, desto mehr wird es den allgemein kirchlich liturgischen Charakter an sich tragen.

§. 364.

Ein Kultus, der so casuell zur Erscheinung kommen wollte, daß darin das Individuelle allein, selbst in der Auswahl der Lieder, sich geltend machen wollte, entspräche nicht mehr dem Wesen und der Wahrheit der evangelischen Kirche.

§. 365.

Je mehr der Geistliche das Casuelle mit dem kirchlichen Elemente zusammenzuschließen versteht, desto geschickter wird er auch für den casuellen Gottesdienst die Lieder in Auswahl bringen, und desto mehr wird er dadurch die wahrhaft christliche Erbauung bewirken.

---

## III. Die Theorie des Kirchengebetes.

§. 366.

Das Kirchengebet ist zu begreifen als das, was es an sich ist, als das, was es als Erscheinung in seiner Manifestation wird, und endlich als das im Zusammensein mit den andern Kultusbestandtheilen gewordene Element des Kultus.

### Erster Abschnitt.

### Das Kirchengebet an sich, oder die wesentlichen Merkmale des Kirchengebetes.

§. 367.

Das Gebet und die Betrachtung haben einen und denselben Grund im christlich religiösen Selbstbewußtsein, aber sie unterscheiden sich als besondere Momente darin, daß die Betrachtung die Momente des zeitlich bewegten Lebens durch die Vermittelung des Gedankens auf die Stufe ihrer wahrhaften Lebenseinheit mit dem Gottesbewußtsein erhebt, das Gebet dagegen, in welchem jene Vermittelung schon vorausgesetzt wird, das absolut höchste Moment des religiösen Lebens unmittelbar zur Darstellung bringt.

§. 368.

Wenn die Momente des zeitlich bewegten Lebens die Welt bilden, das Gottesbewußtsein dagegen in seinen alles durchdringenden Kräften das Reich Gottes, so beziehen sich beide, die fromme Betrachtung und das Gebet, auf das Reich Gottes; jene aber so, daß sie im Grundzustande der religiösen Andacht zugleich in einer Reihe religiöser Gedanken die Welt in ihrer Besonderung aufhebt, und in das Reich Gottes hineinbildet; dieses, das Gebet, aber jenen Grundzustand der religiösen Andacht, in welchem die Welt in ihrer Besonderung und in ihrem für sich Sein schon aufgehoben ist, als das wahrhafte Leben im Reiche Gottes erfaßt und darstellt.

§. 369.

Das Gebet ist das religiöse Leben im absoluten Zustande des religiösen Gefühls, aber zugleich in solcher Klarheit des Gefühls, daß darin das ganze Leben des religiösen Gedankens geworden ist und vorausgesetzt wird; und die fromme Betrachtung ist das religiöse Leben in der religiösen Thätigkeit des Gedankens, aber so, wie an ihr der absolute Zustand des religiösen Gefühls immer schon die nothwendige Voraussetzung ist. Die fromme Betrachtung ist das religiöse Denken im Gefühl der Andacht, und das Gebet ist das Gefühl der Andacht, aber im religiösen Gedanken.

§. 370.

Da alle Kräfte des Reiches Gottes Gaben des heiligen Geistes sind, welche die Gnade Gottes darreicht, so ruft die fromme Betrachtung für solche Gnadengaben die Empfänglichkeit im Menschen zugleich hervor; im Gebet, wo der Mensch im absolut höchsten Zustande solcher Empfänglichkeit ist, wird Gott für solche Gnadengaben entweder gedankt, oder er wird darum gebeten.

§. 371.

Wenn im frommen Selbstbewußtsein ein Moment des zeitlich bewegten Lebens oder der Welt mit dem Gottesbewußtsein sich so zusammengeschlossen hat, daß der prävalirende fromme Gedanke der ist, einen Theil der Welt dutch das Reich Gottes überwunden zu haben, so wird das Gebet Dankgebet.

§. 372.

Wenn im frommen Selbstbewußtsein ein Moment des zeitlich bewegten Lebens oder der Welt sich mit dem Gottesbewußtsein so zusammenschließt, daß der prävalirende Gedanke darin der ist, irgend einen Theil der Welt durch das Reich Gottes zu überwinden, so wird das Gebet Bitte.

§. 373.

Im Dankgebete verbinden sich die zeitlichen Momente mit dem Gottesbewußtsein im Gedanken an die Vergangenheit; in der Bitte verknüpfen sich die zeitlichen Momente mit dem Gottesbewußtsein im Gedanken an die Gegenwart.

§. 374.

Das Kirchengebet hat seinen bestimmten Charakter darin, daß es das Gebet derer ist, welche in einer und derselben Bestimmtheit des religiösen Gefühls, und in einer und derselben Lebendigkeit des religiösen Gedankens sich befinden.

§. 375.

Sowohl dieselbe Bestimmtheit des religiösen Gefühls, in welchem alle eines und desselben Lebens in Gott durch Christum inne werden, als auch dieselbe Lebendigkeit des religiösen Gedankens, in welcher alle alle Momente des zeitlichen Lebens auf das Reich Gottes bezogen haben, gründen sich auf die in Lehre und Kultus gewordene Kirchengemeinschaft.

§. 376.

Dadurch, daß dem Kirchengebet niemals ein zeitlicher Moment an sich und auf beharrliche Weise Veranlassung werden kann, sondern daß es alle Momente des zeitlichen Lebens so darstellt, wie sie durch das Reich Gottes überwunden werden, und in demselben verschwinden, wird es das Gebet, in welchem alle Gebete der Einzelnen in allen Momenten des vielfach bewegten Lebens ihre Vollendung finden.

§. 377.

Das Gebet im Kultus ist daher der Centralpunkt aller Gebete, die in der Andacht des religiösen Gefühls zur Erscheinung kommen, so wie auch die fromme Betrachtung der Centralpunkt aller Gedanken ist, die als religiöse Gedanken im frommen Leben der Gläubigen sich manifestiren.

§. 378.

Darin also, daß das Kirchengebet in jener allgemeinen Bestimmtheit des religiösen Gefühls, und in jener allgemeinen Lebendigkeit des religiösen Gedankens sich am weitesten über jede bloß momentane Bestimmtheit, und über jede noch vereinzelte Thätigkeit des religiösen Gedankens erhebt, zeigt sich das wahrhaft substanzielle Sein desselben.

§. 379.

Es ist das wirksame Princip im Kirchengebet der heilige Geist, nicht wie er nur in den Einzelnen, sondern wie er in der Gemeinde der Gläubigen das Werk der Beseligung und Erleuchtung vollzieht.

§. 380.

Die im Kultus betende Gemeinde ist so in dieser Beseligung und Erleuchtung durch den heiligen Geist der Erhörung ihrer Gebete auch jedes Mal gewiß.

§. 381.

In ihrer Andacht, in welcher der heilige Geist das belebende Princip ist, kann kein Moment des zeitlichen Lebens als solcher sich geltend machen wollen; und in ihrem religiösen Gedanken, welcher der Gedanke Gottes in ihnen ist, kann sie keinem Irrthum unterliegen.

§. 382.

Da im Kirchengebete alle Momente des zeitlich bewegten Lebens in der Beziehung auf das Reich Gottes als vereinzelte Momente untergehen, und da alle Kräfte und Gaben des Reiches Gottes von Gott denen dargereicht werden, die an den Stifter des Reiches Gottes glauben, so ist das Kirchengebet das Gebet im Namen Jesu.

§. 383.

Dadurch, daß das Kirchengebet das Gebet im Namen des Herrn ist, wird sein Inhalt der bestimmt christliche Inhalt, und es kann niemals etwas in ein Kirchengebet aufgenommen werden, was nicht als ein in dem Glauben an den Erlöser gegründetes Moment nachgewiesen werden kann.

§. 384.

Das, worin die allgemeine Bestimmtheit des religiösen Gefühls, und die allgemeine Lebendigkeit des religiösen Gedankens in der Gemeinde sich näher zu erkennen giebt, ist das Bewußtsein, daß in allen das Reich Gottes als im Kampfe mit der Welt sich entwickelt.

§. 385.

In dem Erlöser war dieses Bewußtsein auch, aber nicht so daß es Ursach des Kampfes, sondern daß es Grund des Sieges geworden ist; in dem Erlösten aber ist jenes Bewußtsein zugleich das Bewußtsein von der den Kampf veranlassenden Sünde.

§. 386.

Daß wir durch den Erlöser von der Sünde befreit werden, und durch ihn die Gnadengaben des neuen Lebens im Reiche Gottes empfangen, ist der Hauptinhalt aller Kirchengebete.

§. 387.

Das christliche Bewußtsein, in welchem wir uns Gott betend darstellen als solche, welche die Sünde, als die Ursache jenes Kampfes, noch zu überwinden haben, ist das erste Moment des Kirchengebetes; das christliche Bewußtsein, in welchem wir uns durch die in Christo empfangene Gnade als im Reiche Gottes thätig darstellen, ist das andere Moment des Kirchengebetes.

§. 388.

Alles, was sich im Kirchengebete als Bitte oder Danksagung, nach den verschiedenen äußerlichen Veranlassungen sowohl als auch nach innern Gründen, in der Beweglichkeit eines Kirchenjahres herausstellt, wird unter dem einen oder dem andern Moment im Kultus wirklich zur Darstellung kommen.

§. 389.

Beide Momente schließen einander nicht aus, denn wie wir im Bewußtsein unsrer Sünden das Bewußtsein der göttlichen Gnade haben, so haben wir im Bewußtsein von der göttlichen Gnade zugleich immer das Bewußtsein davon, daß wir dieselbe unsrer Sünde wegen nicht verdienen. Aber als Momente unterscheiden sie sich dennoch so, daß sie das religiöse Leben der Gläubigen entweder durch das Bewußtsein der Sünde oder das der Gnade überwiegend erfüllen.

§. 390.

Im Kultus selbst heben sich beide als Momente wiederum darin auf, daß sie in der zeitlichen Einheit ihres Nacheinanderseins zur höchsten Einheit ihres wahrhaften Seins sich zusammenschließen.

§. 391.

Beide Momente können zur Darstellung im Kultus nur unter dem bestimmt kirchlichen Charakter kommen, und dieser kirchliche Charakter drückt sich dem Inhalte nach darin aus, daß überall und in aller Strenge die Ursach der Sünde im Fall und in der Entfernung des Menschen von Gott dargestellt wird, so wie daß die Ursache der göttlichen Gnade überall zurückgeführt wird auf die Liebe Gottes, die wir in Christo auf unverdiente Weise empfangen haben.

§. 392.

Das Gebet, welches überwiegend ausgeht von dem Bewußtsein unsrer Sünde, kann das Bekenntniß der Sünde selbst werden; und das Gebet, welches überwiegend ausgehet vom Bewußtsein der Gnade, kann sich ausdrücken in den Thatsachen der Erlosung, wie dieselben kirchlich in dem Glaubensbekenntniß gefaßt sind.

§. 393.

Da jedoch solche kirchlich gewordene Formeln überwiegend der Lehre wegen gegeben sind, und den Charakter des Gebetes nicht an sich tragen, so wird der religiöse Gesang der Gemeinde dem in der Formel ausgedrückten Gaubensbekenntnisse am nächsten treten können.

§. 394.

Das Gebet, welches überwiegend ausgeht von dem Bewußtsein unsrer Sünde, wird im unbedingten Gottesdienste mehr den Charakter der Bitte, im bedingten Gottesdienste dagegen mehr den Charakter der Danksagung für die in Christo geschehene Erlösung an sich tragen.

§. 395.

Das Gebet, welches überwiegend vom Bewußtsein der in

Christo uns gewordenen Gnade ausgeht, wird im religiösen Selbstbewußtsein des Christen das Reich Gottes als ein in Beziehung auf seinen innern Zustand seiendes, oder als ein in Beziehung auf einen äußern Zustand werdendes darstellen.

§. 396.

Der innere Zustand, in welchem das Reich Gottes als ein seiendes sich manifestirt, ist der Zustand der Gläubigen in der Gemeinde innerhalb des Kultus, der äußere Zustand, in welchem das Reich Gottes noch als ein werdendes erscheint, ist der Zustand des allgemeinen Berufslebens, in welchem der Mensch auch mit allen sinnlichen Kräften, aber als im Dienste des Reiches Gottes, sich befinden soll.

§. 397.

Je mehr das Reich Gottes in der Seele des im Kultus Betenden als ein seiendes erscheint, desto mehr bestimmt sich der Inhalt des Gebetes nach dem Zweck hin, daß der Kultus das, was er sein soll, die Erbauung im religiösen Leben werde.

§. 398.

Im bedingten Gottesdienst wird dieses Gebet sich mehr als Danksagung und im unbedingten Gottesdienste mehr als Bitte manifestiren.

§. 399.

Jemehr das Reich Gottes in der Seele des im Kultus Betenden als ein werdendes erscheint, desto mehr bestimmt sich der Inhalt des Gebetes nach dem Zweck hin, daß die Substanz des religiösen Lebens auch alle Stufen des natürlichen Seins durchdringe und heilige.

§. 400.

Dieses Gebet wird überwiegend seinen Ort haben im unbedingten Gottesdienste, und wird da in der Gemeinde als Fürbitte erscheinen.

## Zweiter Abschnitt.

### Das Kirchengebet in den Formen seiner Manifestation.

§. 401.

Wie alles, was noch innerlich und an sich ein Element des geistigen Lebens ist, nothwendig den Grund seiner Manifestation schon in sich schließt, so ist auch im Kultus die Gemeinde im Zustande des Gebetes zugleich die in den Formen der religiösen Darstellung sich offenbarende Gemeinde.

§. 402.

Jene allgemeine Bestimmtheit des religiösen Gefühls und jene allgemeine Lebendigkeit des religiösen Gedankens ist wie der innere Grund des Kirchengebetes, so auch zugleich der Grund davon, daß das innere Leben sich fortbewegt zur gemeinsam wahrnehmbaren Erscheinung.

§. 403.

Jener allgemeine Zustand des religiösen Gefühls und jene allgemeine Lebendigkeit des religiösen Gedankens, wie sie beide in einander den Inhalt des Kirchengebetes bilden, sind innerlich schon gebunden an das Lautwerden durch die Sprache; und die betende Gemeinde im Kultus ist nur zu begreifen als in dieser Identität ihres innern religiösen Lebens mit seiner durch das Medium der Sprache nach außen hin gesetzten Manifestation.

§. 404.

Wie der heilige Geist alle innern Momente der Gebetes in den Herzen der Gläubigen wirkt, so will er sich in den Formen der Darstellung als das wirksame, heiligende Princip auch manifestiren; und sein Sein, wie es zwar in Allen innerlich schon gesetzt war, wird durch die Manifestation in menschlicher Form ein Sein für Alle.

§. 405.

Die religiöse Sprache, in welcher die Gemeinde betet, haftet mit innerer Nothwendigkeit an ihrem Inhalte, und ist, weil der Inhalt hier ein schon gegebener ist, auf diesem Gebiete des Kultus mehr als auf jedem andern, eine bestimmte und schon gewordene.

§. 406.

Je mehr der Inhalt der Kirchengebete das, was er sein soll, ein durch die Lehre der Kirche bestimmter ist, desto mehr auch sind die Ausdrücke in der Sprache des Kirchengebetes die kirchlich bestimmten und gewordenen.

§. 407.

Ist es die nothwendige Voraussetzung, daß die Gemeinde den Inhalt ihrer Gebete mit Bewußtsein selbst erzeugt, und muß eben so nothwendig vorausgesetzt werden, daß sie das Element der Kirchensprache in der ihm angemessenen Form sich aneignen kann, so erscheint auf diesem Gebiet die religiöse Receptivität der Gemeinde ganz mit ihrer religiösen Selbstthätigkeit zusammen zu fallen.

§. 408.

Wie die Darstellung jedes innerlichen Elements des Kultus durch das Medium der Sprache an eine Produktion gebunden ist, welche aus einer Kunstthätigkeit hervorgeht, so auch ist die sprachliche Darstellung des Kirchengebetes an eine solche Thätigkeit gebunden.

§. 409.

Wenn diese Kunstthätigkeit einerseits darauf beruht, daß das Gebet durch die ihm angemessene Sprachform zur Darstellung kommt, und andererseits darauf, daß das Element der sprachlichen Lehrform mit dem poetischen Element sich zusammenschließt, so folgt aus beiden, daß die Gemeinde diese Thätigkeit nicht vollziehen kann, daß sie aber einen Anspruch darauf macht, daß diese Thätigkeit in Angemessenheit des Inhalts, den sie mit Selbstständigkeit in ihrem religiösen Bewußtsein trägt, vollzogen werde.

§. 410.

Sind die Kirchengebete, wie es die Natur der Sache erfordert, als das überwiegend liturgische Element vom Kirchenregiment vorgeschrieben, so ist die Form eine fertige, und es könnte gedacht werden, daß die Gemeinde, wie sie den Inhalt ihres religiösen Lebens im Gesange zur Darstellung bringt, so auch den Inhalt ihres religiösen Lebens im Gebete zur Darstellung bringen könnte.

§. 411.

Es wäre ein solches von der Gemeinde selbst gesprochenes Gebet im Kultus durchaus nichts Widernatürliches; allein da die Gemeinde in der bloßen Nachproduktion der Gebete im Kultus niemals erscheinen will, so bringt der Liturge ihre Gebete zur Darstellung.

§. 412.

Der Liturge vermittelt im Kultus die Thätigkeit des Kirchenregiments mit der ihr identischen religiösen Selbstthätigkeit der Gemeinde. Aber er ist in dieser Vermittelung in keiner bloßen Nachproduktion begriffen, vielmehr ist die Thätigkeit des Kirchenregiments seine eigne Thätigkeit, und das allgemein kirchliche Bewußtsein der Gemeinde ist zugleich sein eignes religiöses Selbstbewußtsein.

§. 413.

Der Liturge betet die vorgeschriebenen Kirchengebete sowohl mit der Ueberzeugung, daß sie auch ihm auf keine andere Weise entstehen konnten, als wie sie durch die allgemeine Thätigkeit des Kirchenregiments entstanden sind, als auch mit der nothwendigen Voraussetzung, daß das religiöse Selbstbewußtsein der betenden Gemeinde einer solchen kirchlich bestimmten Form, behufs seiner wahrhaften Lebensmanifestation, bedarf.

§. 414.

Das individuelle Bewußtsein des Geistlichen muß sich mit dem kirchlichen Bewußtsein als vollkommen identisch erweisen, und das geschieht im liturgischen Element des Kultus.

§. 415.

Je weniger das dogmatische Studium sich so gestaltet, daß darin das allgemein kirchliche und fest gewordene Element mit dem freien Selbstdenken identisch wird, desto mehr leidet im Kultus das liturgische Element, und desto weniger wird sich der Geistliche in seiner Freiheit als nicht beschränkt betrachten wollen.

§. 416.

Es ist daher von großer Wichtigkeit für den praktischen Kirchendienst, daß in der mit Freiheit sich entfaltenden theologischen Wissenschaft in allen Theilen derselben das Allgemeine darin stets so nachgewiesen werde, wie es die nothwendige Voraussetzung für das Besondere ist.

§. 417.

Die Form des Kirchengebetes wird in ihrer kirchlichen Bestimmtheit im richtig geordneten Kultus die Selbstthätigkeit des Geistlichen nothwendig voraussetzen, und in dieselbe übergehen.

§. 418.

Im Allgemeinen erscheint diese Ordnung im Kultus so, daß je entfernter der Geistliche im Kultus noch von seiner Selbstthätigkeit in der Predigt steht, desto mehr das allgemein kirchliche Bewußtsein der Gemeinde zur Darstellung kommt; dagegen die Gebete des Liturgen nach der Predigt auch mehr mit seiner individuellen Thätigkeit sich zusammenschließen.

§. 419.

Daher kann eine Predigt selbst in ein Gebet übergehen, was alsdann in der freisten Selbstthätigkeit des Geistlichen zur Erscheinung kommt; und es kann Alles, was in Beziehung auf das Reich Gottes in der Einheit der Betrachtung erschien, nun als Bitte im Gebet des religiösen Redners sich zusammenschließen.

§. 420.

Je mehr der Geistliche vor der Predigt der wahrhaft betende Liturge gewesen ist, und je mehr auch in der Predigt das allgemein christliche Bewußtsein die nothwendige Voraussetzung für ihn gewesen ist, desto mehr werden auch seine Gebete nach der Predigt, auch wenn er sie frei producirt, den kirchlichen Charakter an sich tragen.

§. 421.

Kirchengebete, die überwiegend und im ersten Stadium des Kultus den kirchlich symbolischen Charakter an sich tragen, können nur von Solchen entworfen werden, in denen das allgemein kirchliche Bewußtsein in seiner absoluten Reinheit und Lebendigkeit vorhanden ist.

§. 422.

Je lebendiger in gewissen Epochen des kirchlichen Lebens einer frommen Gemeinschaft das Interesse an jenem allgemeinen Bewußtsein hervortritt, und je klarer und allgemeiner es sich in dem kirchlichen Lehrbegriff ausdrückt, in desto größerer Vollkommenheit werden Kirchengebete dieser Art entworfen werden.

§. 423.

Daher die Erscheinung vollkommen zu rechtfertigen ist, daß man, wenn durch einen zu großen Einfluß des persönlich individuellen Elements der Charakter der Kirchengebete alterirt wird, und die nothwendige Aufgabe für das Kirchenregiment entsteht, das liturgische Element des Gottesdienstes agendarisch zu bestimmen, dabei auf die ältern Gebete jener Epochen und der an sie grenzenden Perioden zurückgeht.

§. 424.

Wenn auch zugegeben werden muß, daß einzelne Kirchenlehrer im Geiste der Kirche Kirchengebete entwerfen können, so müssen solche Gebete vor ihrem Gebrauch im Kultus doch die Sanktion des Kirchenregiments erhalten, und ihre Stelle im Gottesdienste bleibt ganz der Bestimmung desselben überlassen.

§. 425.

Eine in Angemessenheit zum Kultus geordnete Sammlung solcher Kirchengebete sammt den symbolischen Formeln, welche die Grundlage für die heiligen Handlungen bilden, heißt das Kirchenbuch oder die Agende.

§. 426.

Eine solche Sammlung kann nur zu Stande kommen durch die vollkommenste Einsicht in das Wesen des evangelischen Kultus, und kann auch nur dann mit der früher im Gebrauch gewesenen vertauscht werden, wenn auf das Bestimmteste nachgewiesen werden kann, daß das frühere Kirchenbuch der Idee des Kultus nicht mehr entspricht.

§. 427.

Wenn die Willkür der Einzelnen an die Stelle der kirchlichen Bestimmtheit getreten ist, und wenn das Kirchenbuch nicht mehr in dem Sinne benutzt wird, wie es von der Kirche vorgeschrieben ist, so entsteht hieraus die nothwendige Aufgabe für das Kirchenregiment der Willkür Einhalt zu thun.

§. 428.

Die Sprache des Kirchengebetes ist die biblische, und zwar wie sich solche in den Sprachelementen des kirchlichen

Lehrbegriffs bestimmt, und der Begriffskreis derselben sich erweitert hat.

§. 429.

Je tiefer der Kirchenlehrer in den allgemeinen Geist der Kirche sich versenkt, desto mehr wird ihm der rechte sprachliche Ausdruck für das Kirchengebet zu Gebote stehen.

§. 430.

Die biblisch kirchliche Sprache ist der allein angemessene Ausdruck für das Kirchengebet, weil in ihr Alles in der allgemeinsten Verständlichkeit zur Darstellung gebracht wird, was im religiösen Selbstbewußtsein der Gemeinde enthalten ist.

§. 431.

Der biblisch kirchliche Sprachausdruck steht aber in einem bei weitem näheren Verhältniß zur kirchlichen Prosa, als zur kirchlichen Poesie.

§. 432.

Der biblisch kirchliche Sprachausdruck wird daher in seiner unabänderlichen Bestimmtheit das Symbol in der Formel, welche den sakramentalen Handlungen zum Grunde liegt.

§. 433.

Im Gebet wird der biblisch liturgische Sprachgebrauch diejenige Prosa, welche zugleich als Kunst sich darin beweist, daß in ihr das, was als allgemeine Erfahrung im kirchlichen Bewußtsein der Gemeinde erscheint, zugleich in der persönlichen Erfahrung des Liturgen zur Darstellung kommt.

§. 434.

Indem der Liturge das, was in der allgemeinen Erfahrung der Gemeinde gegründet erscheint, zugleich in seine persönliche Erfahrung aufgenommen hat, und in derselben es darstellen will, bestimmt sich ihm der biblische Sprachgebrauch zugleich als ein freies Element seiner Kunstproduktion.

§. 435.

Dieses freie Element der kirchlichen Sprache zeigt sich überwiegend in der Komposition der Sätze und ihrer Verbindung zu Perioden, wogegen in den Begriffen überwiegend der biblisch kirchliche Ausdruck hervortritt.

§. 436.

Es kann gedacht werden, und ist mannigfach der Versuch gemacht worden, wie man das poetische Element des Gesanges hat in das prosaische des Recitativ-Gesanges übergehen lassen, so auch das prosaische Element der Periode, wie es die nothwendige Form ist für das Kirchengebet, in das gebundene Element der poetischen Rede übergehen zu lassen.

§. 437.

Bei Gebeten, die ihre absolute Form mit ihrem Inhalte zugleich erreicht haben, wie z. B. bei dem „Unser Vater" sind solche Versuche innerhalb des Kultus durchaus unstatthaft, und befriedigen wohl einen poetischen Reiz, also ein Kunstelement an sich, aber niemals die kirchliche Andacht, in welcher die Kunst mit der Religion sich zusammengeschlossen hat.

§. 438.

Bei Gebeten, die der Liturge am meisten in individueller und persönlicher Freiheit zu entwerfen hat, kann die Möglichkeit solcher Gebete in gebundener Poesie gedacht und im Kultus statuirt werden.

## Dritter Abschnitt.

### Das Kirchengebet im Zusammensein mit den übrigen Bestandtheilen des Kultus, oder das im Kultus gewordene Gebet.

§. 439.

Das Kirchengebet manifestirt sich im Kultus als in der Totalität aller Kultusbestandtheile, und nur so, als in diesem allgemeinen Element, stellt es sich als das wahrhaft conkrete Element des Kultus heraus.

§. 440.

Das Kirchengebet schließt sich in seiner organischen Lebenseinheit auf der einen Seite zusammen mit der Predigt, auf der andern mit dem religiösen Gesange.

§. 441.

Wie demnach der Inhalt des Gesanges und der Predigt nach den besondern Momenten eines Kirchenjahres, in welchem die Offenbarungsstufen des christlichen Lebens im Kultus hervortreten, sich bestimmt, so auch und in demselben Maaße bestimmt sich der Inhalt des Kirchengebetes.

§. 442.

Da im evangelischen Kultus die Predigt als der Centralpunkt desselben hervortritt, so erscheint, wie der Gesang, so auch das Gebet vor und nach der Predigt geordnet.

§. 443.

Das Gebet vor der Predigt im Kultus hat zu seiner Voraussetzung den religiösen Gesang der Gemeinde, und wie dieser sich bestimmt als ein Inhalt des allgemein kirchlichen Bewußtseins, so auch trägt das Gebet nach diesem Gesange den kirchlichen Charakter an sich, und ist das überwiegend liturgische Element im Kultus.

§. 444.

Die Gebete vor der Predigt, wie sie sich in diesem Charakter mit dem Gesange zusammenschließen, werden als organische Einheit unter dem Namen einer Altarliturgie zusammengefaßt.

§. 445.

Eine Altarliturgie in der evangelischen Kirche hat ihr eigenthümliches, geschichtliches Fundament, und kann sich nur nach den Principien der evangelischen Kirche in ihrer Wahrheit und Selbstständigkeit herausbilden.

§. 446.

Da die Altarliturgie sich ganz gründen muß auf das allgemein kirchlich religiöse Selbstbewußtsein, in welchem die individuelle Thätigkeit des Liturgen aufgegangen ist, so trägt dieselbe den Charakter der allgemeinen Uebereinstimmung am meisten an sich, und jeder evangelische Christ fühlt und erkennt sich in ihr als Mitglied der Kirchengemeinschaft.

§. 447.

Diese Uebereinstimmung ist keine Uniformität in dem Sinne, daß auch die Gebete der Liturgie und ihre Wahl bis auf das Wort, ohne Unterschied des Geschichtlich gewordenen und lokal Bestimmten, müßten überall vollkommen gleich erscheinen; vielmehr zeigt sich ihre wahrhaft allgemeine, religiöse Lebenseinheit darin, daß es dasselbe kirchliche Selbstbewußtsein ist, was jeder in allen Gebeten hier antrifft, daß kein wichtiges Moment ihres Inhalts übergangen ist, und daß endlich in der Form der Darstellung nichts angetroffen wird, was entweder an den Meßkanon der katholischen Kirche erinnert, oder dem Princip der evangelischen Kirche nicht angemessen wäre.

§. 448.

Die Verschiedenheit der Altarliturgieen, wie sie nach Inhalt und Wahl der Gebete in der evangelischen Kirche angetroffen werden, ist demnach der Idee der evangelischen Kirche nichts Zuwiderlaufendes, aber so lange die Idee einer Altarliturgie nach den Principien der evangelischen Kirche nicht wissenschaftlich erkannt ist, kann manches in solchen Liturgieen erscheinen, was der Idee einer evangelischen Altarliturgie zuwiderläuft.

§. 449.

Das Kirchenregiment, welches den kirchlichen Gemeingeist auch wissenschaftlich repräsentirt, hat für die agendarische Bestimmtheit der Altarliturgie so zu sorgen, daß jene Uebereinstimmung und Gleichmäßigkeit, in welcher jeder als ein Theil des Ganzen in seinem religiösen Selbstbewußtsein sich erkennt, und in welcher die individuelle Freiheit des Geistlichen vollkommen aufgeht, erzielt werde.

§. 450.

Die Freiheit des Liturgen ist hinsichtlich der Altarliturgie eine zwiefache; er soll nach den verschiedenen Momenten des Kirchenjahres die Gebete wählen; er kann aber solche Gebete für die Liturgie auch selbst entwerfen.

§. 451.

Je mehr der Liturge sich als solcher begreift, und in der Altarliturgie sich als Stellvertreter der Gemeinde ansieht, desto mehr muß er wünschen, daß das Gebet, wie es als Gebet der Gemeinde in der Kirchengemeinschaft schon anerkannt ist, ihm vorgeschrieben ist.

§. 452.

Muß aber dem Liturgen zugemuthet werden können, Kirchengebete in jenem Selbstbewußtsein der Gemeinde, welches auch sein religiöses Selbstbewußtsein ist, zu entwerfen, so darf er doch ohne kirchenregimentliche Sanktion solche Gebete in der Altarliturgie niemals zur Darstellung im Kultus bringen.

§. 453.

Da solche Gebete überdies auch einen historisch gewordenen Charakter an sich tragen, und da ihre Form die absolut einfache ist, so erscheint auf diesem Gebiete die freie Selbstthätigkeit des Geistlichen am meisten beschränkt.

§. 454.

Kann ein Geistlicher nach seiner theologischen Ueberzeugung in den Geist der vorgeschriebenen Kirchengebete sich nicht finden, und findet er darin Solches, was seiner dogmatischen Ansichtsweise zuwiderläuft, so kann er als Einzelner vom Kirchenregiment in keinem Falle eine Aenderung erwarten.

§. 455.

Jeder, der in den Dienst der Kirche treten will, hat sich daher mit Allem bekannt zu machen, was die Kirche von ihm verlangt; und kann er das allgemeine Bewußtsein der Kirche nicht zu dem seinigen machen, so muß er um seines Gewissens willen vom Dienste in der Kirche zurücktreten.

§. 456.

Bei dieser Prüfung, die jeder, welcher in den Kirchendienst treten will, mit sich gewissenhaft anzustellen hat, wird es darauf ankommen, wie die persönlich individuelle Ueberzeugung mit dem kirchlich allgemeinen Bewußtsein so vereinbar ist, daß die höhere Lebenseinheit der Kirchengemeinschaft daraus hervorgeht; je gründlicher und wissenschaftlicher das theologische Studium gewesen ist, desto mehr wird die persönliche Freiheit in die Nothwendigkeit des kirchlichen Lebens übergehen, und in der höhern Einheit mit dieser sich vollenden.

§. 457.

Beim Entwurf einer Altarliturgie entsteht die Frage nach dem Inhalte sowohl, als auch nach der Form, und beide Fragen müssen nach den Principien der evangelischen Kirche beantwortet werden.

§. 458.

Der Inhalt des Kirchengebetes ist schon darin angegeben worden, daß das allgemeine Selbstbewußtsein der Gemeinde sich bestimmt, 1) durch das Bewußtsein von der Sünde, welche durch die in Christo geschehene Erlösung aufgehoben werden soll, 2) durch das Bewußtsein, daß das Reich Gottes ein seiendes und gewordenes in den Herzen der Gläubigen ist, 3) durch das Bewußtsein, daß das Reich Gottes im Kampfe mit der Welt noch ein werdendes ist. Auch ist schon erörtert, wie dieser Inhalt im bedingten und unbedingten Gottesdienste theils als Danksagung, theils als Bitte sich herausstellt.

§. 459.

Das Gebet, welches ausgeht vom Bewußtsein der Sünde, bildet seiner Natur nach den Anfang; das Gebet, welches zurückgeht auf das Bewußtsein von dem Kampfe des Reiches Gottes mit der Welt, bildet den Schlußpunkt, in der Mitte liegt das Gebet, welches ausgeht von dem Bewußtsein vom Reiche Gottes als einem seienden, und welches so in das Centrum der religiösen Erbauung zu stehen kommt.

§. 460.

Da der Altarliturgie noch die Predigt folgt, und das Gebet, nicht die Predigt, den Kultus beschließen kann, so hat das Gebet, welches sich auf das Reich Gottes als im Kampfe mit der Welt bezieht, nach der Predigt seinen Ort im Kultus.

§. 461.

Der Inhalt einer Altarliturgie grenzt sich demnach nach diesem zwiefachen Charakter ab, 1) daß der Liturge die betende Gemeinde Gott darstellt, als im Bewußtsein ihrer Sünde, 2) als im Bewußtsein von der Gnade, die in Christo und in seinem Reiche ihr zu Theil geworden ist. Beides aber muß kirchlich so dargestellt werden, daß die Sünde als von ihr selbst verursacht, die Gnade aber als eine ohne ihr Verdienst in Christo frei geschenkte Gnade ist.

§. 462.

Im Bewußtsein ihrer Sünde stellt sich die Gemeinde Gott dar als die bußfertige Gemeinde, im Bewußtsein der

Gnade tritt die Verherrlichung Gottes in dem Gefühl der Freude am Herrn hervor.

§. 463.

Dieser Inhalt, der hier nur ganz im Allgemeinen aufgestellt werden kann, modificirt und erweitert sich nach den zeitlich erfüllten Momenten, wie sie der bedingte und unbedingte Gottesdienst im Selbstbewußtsein der Gemeinde hervorruft. Jede Erweiterung aber muß sich nach der angegebenen Einheit jenes Inhalts begrenzen.

§. 464.

Was die Form einer Altarliturgie betrifft, so kann recht wohl gedacht werden, daß jener Inhalt in ein einziges Gebet, welches in angemessener und kunstgemäßer Proso, durch die einfache Periode sich ausdrückt, zusammengefaßt werden kann, und das wäre alsdann das liturgische Altargebet.

§. 465.

Ein solches Altargebet würde alsdann von keinem Gesange unterbrochen, sondern es würde dasselbe vom Kirchenliede und Hauptliede der Gemeinde nur eingeschlossen.

§. 466.

Es kann aber auch die Altarliturgie als unterbrochen vom Gesange hervortreten; dann spaltet sich das Gebet in mehrere Abschnitte, und es schließt sich in die einzelnen Gebete das Vorlesen der Perikopen, welches wir als ein wesentliches Element im Kultus nachgewiesen haben.

§. 467.

Die Form wird in dieser Theilung der einfache Satz, der selbst in die kirchliche Formel des Symbols übergehen kann, und der Gesang, welcher das Gebet unterbricht, wird der kunstgemäße Gesang des Chors.

§. 468.

Wie die Gemeinde in der Andacht des Gebetes zur Andacht der Predigt sich erschließt, so auch führt die Andacht der Predigt die Gemeinde wiederum zurück in die Andacht des Gebetes.

§. 469.

Erscheint demnach die Predigt als der Kulminationspunkt der Andacht, zu welchem die Gemeinde durch das liturgische Element vor der Predigt sich erhebt, so tritt wiederum als Kulminationspunkt der Andacht das Gebet hervor, zu welchem die Gemeinde durch die Predigt sich erhebt; und hierauf beruht die substantielle Gleichheit des Gebetes und der Predigt.

§. 470.

Wie in dem Gebet vor der Predigt nach seinem wesentlichen Inhalte und nach seiner organischen Ordnung, eine Fortbewegung zur Predigt sich manifestirt, so auch zeigt sich in der Predigt eine Fortbewegung zum Gebet, in welchem die Selbstthätigkeit des Geistlichen aus der Besonderung heraustritt, und als Receptivität in das allgemeine Selbstbewußtsein der Gemeinde übergeht.

§. 471.

Geht die Predigt so in dieser ihrer Lebendigkeit in das Gebet über, und ist ihr ganzer Inhalt in seiner freien Entfaltung eine Erweckung der Gemeinde zum Gebet, so ist dies ein wesentliches Kennzeichen von der Vollkommenheit der Predigt.

§. 472.

Das Gebet nach der Predigt scheint sich demnach mit der Predigt unmittelbar zusammenzuschließen, und dasjenige Element zu bilden, worin die Gemeinde zugleich erkennt, wie die individuelle Thätigkeit des Geistlichen in ihre eigne Empfänglichkeit übergeht, oder wie sein persönliches Bewußtsein, aus welchem seine Thätigkeit hervorging, seinem innersten Quell nach eins und dasselbe ist mit ihrem religiösen Selbstbewußtsein.

§. 473.

Im bedingten Gottesdienste, wo der Predigt selbst das allgemeine Selbstbewußtsein der Gemeinde zum Grunde liegt, und Alles, was erkannt und angeeignet wird, auch schon erkannt und angeeignet ist, wird das Schlußgebet unmittelbar und am leichtesten sich mit der Predigt zusammenschließen.

§. 474.

Im bedingten Gottesdienste ist dieselbe Sicherheit vor der Predigt in das kirchliche Schlußgebet unmittelbar überzugehen nicht gegeben, theils weil der Inhalt der Predigt nicht so in der Allgemeinheit hervortritt, theils auch weil die Gemeinde hier überwiegend in der Thätigkeit des Aneignens begriffen ist.

§. 475.

Das Gebet nach der Predigt ist seiner Natur und seinen wesentlichen Merkmalen nach ein vom Kirchenregiment vorgeschriebenes; sein Inhalt bezieht sich auf das Sein und Werden des Reiches Gottes, nur erscheint im erstern Falle überwiegend als Danksagung, im letztern überwiegend als Fürbitte.

§. 476.

Im bedingten Gottesdienste wird das Gebet nach der Predigt überwiegend Danksagung für das in Christo erschienene Gottesreich, und für alle die Segnungen und Gnadenspenden, die es in sich schließt.

§. 477.

Im unbedingten Gottesdienste wird das Gebet überwiegend Fürbitte, sein Inhalt bezieht sich auf das Werden des Gottesreiches, so wie darauf, daß seine Kräfte die von ihm noch abgewendeten Kräfte des natürlichen Seins durchdringen und heiligen sollen.

§. 478.

Wenn für den bedingten Gottesdienst das Kirchenregiment voraussetzen muß, daß die Selbstthätigkeit des Geistlichen in das kirchliche Selbstbewußtsein der Gemeinde übergehen, und daß er alles das finden werde, was zur Natur des Kirchengebetes gehört, so wird das Kirchenregiment nur für den unbedingten Gottesdienst das Kirchengebet vorschreiben.

§. 479.

In diesem allgemein vorgeschriebenen Kirchengebet stellt sich aller Inhalt hervor als Fürbitte für das Werden des Reiches Gottes.

§. 480.

Wenn es der höchste Zweck des Reiches Gottes ist, alle natürlichen Kräfte in den Umfang der religiösen Lebendigkeit aufzunehmen, und mit seiner Alles durchdringenden göttlichen Kraft zu heiligen, so ist es wesentlich, daß auch das in die Fürbitte für das Reich Gottes eingeschlossen werde, was die Kräfte alles natürlichen Seins im Ganzen und Großen repräsentirt.

§. 481.

Das, was alle natürlichen Kräfte nach der Idee des Gottesreiches und in seiner Einheit mit ihm bildet, ist der Staat; es gehören demnach in das Kirchengebet nothwendig die Fürbitten für den König und die Obrigkeit.

§. 482.

Diese Fürbitten erscheinen als wesentliches Element des allgemeinen Kirchengebetes auch deswegen, weil in ihnen sich zu erkennen giebt, daß der Staat und die Kirche nicht in sich differente Elemente sind, sondern daß sie als eine wahrhaft höhere Lebenseinheit sich auch im frommen Selbstbewußtsein der Gemeinde herausstellen, und daß es nur für die verschiedenen Richtungen ihrer Thätigkeit zwei Namen für einen und denselben Begriff giebt.

§. 483.

Die Kirche nämlich ist das noch an sich Sein des göttlichen Lebens, der Staat ist die nothwendige Erscheinung und Explikation dieses Seins auf allen Stufen menschlicher Kraftentwickelung; im wirklichen Moment des göttlichen Lebens ist beides in einander.

§. 484.

Alles demnach, was im Staate als ein wesentliches Element seiner periodischen Thätigkeit, oder auch als ein lebendiges Moment seines Werdens in Epochen und geschichtlichen Gedenktagen erscheint, gehört als Fürbitte in das allgemeine Kirchengebet.

§. 485.

Der Staat beruht auf der organischen Einheit der Familie; mithin gehört auch das, was hier als Ereigniß hervortritt, als Fürbitte in das allgemeine Kirchengebet.

§. 486.

Die Proklamation hat man ihrer kirchlichen Idee nach, und nach dem Zwecke, welchen der Staat dabei hat, von einander trennen wollen; diese Trennung aber geht aus einem unrichtigen Begriffe von Kirche und Staat hervor; im Kirchengebet muß das, was der Staat von der Gründung der Familie verlangt, mit dem, was die Kirche fordert, vollkommen zusammentreffen.

§. 487.

Wenn im bedingten Gottesdienst die Predigt in das Gebet übergeht, so schließt sich der Inhalt der Predigt, wie er in der Selbstthätigkeit des Geistlichen geworden ist, nun mit dem Selbstbewußtsein der Gemeinde zusammen, und an solchen

Inhalt können die Danksagungen und Fürbitten für Staat und Familie sich anschließen.

§. 488.

Wenn die Predigt im unbedingten Gottesdienste für sich schließt, so darf keinesweges mit Nothwendigkeit ein Gesang der Gemeinde das darauf folgende Kirchengebet mit der Predigt vermitteln; sondern es kann auch eben so unmittelbar an die Predigt sich anreihen.

§. 489.

Sind die Fürbitten selbst ein Bestandtheil des allgemeinen Kirchengebetes, so folgt vor dem Segensspruch des Liturgen noch das „Unser Vater", welches den allgemeinsten Inhalt aller Gebete in der größten Lebendigkeit in sich schließt, und welches in der religiösen Erfahrung Aller gegründet, niemals paraphrasirt werden darf.

§. 490.

Es ist die Frage aufgeworfen worden, ob nicht das allgemeine Kirchengebet in die Altarliturgie einzuschließen sei, so daß nach der Predigt als Schlußgebet nur die Fürbitten und das „Unser Vater" erschiene.

§. 491.

Wenn man den Unterschied so feststellt, daß sich die Gebete in der Liturgie mehr auf das Innere, die Gebete nach der Predigt mehr auf das Aeußere im Reiche Gottes beziehen, und wenn aus diesem Grunde ein größeres Gewicht auf die Altarliturgie gelegt wird, so ist diese Ansichtsweise zu verwerfen, indem es der Begriff des Reiches Gottes ist, daß seine Substanz gleich wesentlich in ihrem innerlichen Sein, als in ihrem äußerlichen Erscheinen, als das eine ungetrübte göttliche Leben, sich manifestiren soll.

§. 492.

Wenn man sagt, in der Altarliturgie kann nur alles

Innerliche als Fürbitte erscheinen, das Aeußerliche könnte nur als Danksagung sich aussprechen, so ist nicht abzusehen warum nicht das Aeußerliche kann als ein Innerliches aufgefaßt werden, und mit als Fürbitte erscheinen.

§. 493.

Indem jedoch nach der Predigt der Kultus seinem Schluß sich nähert, wo die Gemeinde in den zeitlichen Moment ihres Berufslebens außerhalb des Kultus zurücktritt, und indem die Predigt znr Aufgabe hat, alle zeitlichen Momente durch den religiösen Gedanken auf das Gottesreich zurückzuführen, so kommt das allgemeine Kirchengebet mit den Danksagungen und Fürbitten, wie es solchen werdenden Inhalt des Reiches Gottes ausdrückt, am naturgemäßesten nach der Predigt zn stehen.

Kolibri 360 GmbH
Ferdinand-Jühlke-Straße 7
99095 Erfurt, Deutschland
produktsicherheit@kolibri360.de